幸福洋菓子

東京甜點主廚的馬卡龍筆記

菅又亮輔

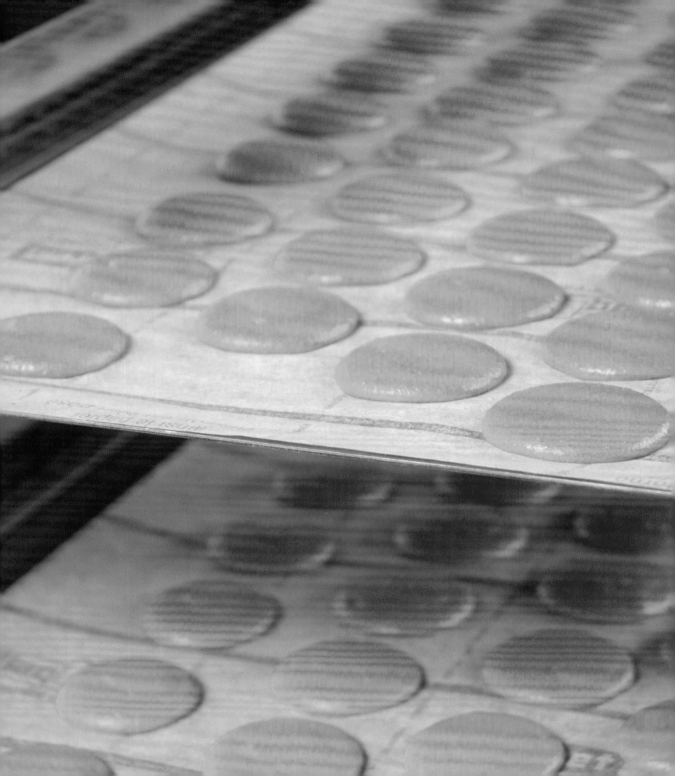

Introduction

在亞爾薩斯、諾曼第、巴黎等地埋首學習製作馬卡龍的日子，轉眼已經是十年前的事了。即使過了這麼久，現在能夠透過這本書將馬卡龍介紹給各位，也是一種緣份吧！

我的父親是位西式甜點專家，母親家裡則是經營和菓子店。在這樣的背景中長大的我，選擇進入甜點的世界，好像是再自然不過的事了。

甜點能賦予人夢想，但是對我來說，甜點則是特別日子裡才有的特殊物品，這是從小跟在父親身邊得到的感受，當時的我常去父親工作的廚房偷嘗鮮奶油和玩耍。

經由甜點，人與人之間產生了聯繫——而這個日常風景便是我製作馬卡龍與法式甜點的原動力。

本書介紹的馬卡龍除了基本款之外，還包括了強調新鮮口感與材料的馬卡龍，從生活中容易取得的食材做的馬卡龍等，滿載各式各樣發揮創意的點子。

希望各位也能從「可愛的馬卡龍」逐步往前邁進，找出屬於自己的「馬卡龍風格」，那將會是本人莫大的榮幸。

菅又 亮輔

D'eux Pâtisserie-Café 甜點主廚

Palette Macaron
馬卡龍的彩色盤索引

覆盆子
- couleur -

開心果
- couleur -

檸檬
- couleur -

香草
- couleur -

核果糖
- couleur -

香甜杏桃
- couleur -

黑森林蛋糕
- chic -

榛果檸檬巧克力
- chic -

茶
- chic -

巧克力
- chic -

香蕉巧克力
- chic -

黑醋栗
- chic -

覆盆子鮮果
- riche -

綜合莓果
- riche -

柑橘葡萄柚
- riche -

葡萄乳酪
- riche -

焦糖巧克力
- riche -

馬卡龍棒
- chic -

馬卡龍塔
mariage

心型馬卡龍
saint-valentin

女兒節馬卡龍
pêche festival

黑白色調
馬卡龍
intérieur

趣味馬卡龍
apéritif

南瓜馬卡龍
halloween

馬卡龍掛飾
noël

每顆小巧的馬卡龍都有不同的
顏色、造型與口感。每一個都
是如此充滿魅力，集合在一起
就是繽紛多彩的季節顏色。

Joyeux Macaron

大人的馬卡龍趣味

不只討人喜愛，更有著無限可能的馬卡龍世界。

下班回家的大人們，午夜場的電影院，居酒屋裡的酒食聚會。

從手帕飄出淡淡的香水味，香菸的煙霧冉冉上升。

在喧鬧中、在寧靜中，他們輕輕捻起一顆馬卡龍，

進入無限想像的世界。

圓圓的外型，
鮮豔的、沉穩的。

聽著音樂，一邊和朋友聊天，
一邊愜意享用馬卡龍。

「一顆、兩顆」……
一不小心就停不了手。

這是與馬卡龍一同度過的幸福時光。

Ploche Macaron
馬卡龍的小日子

Contents

012

SWEETS. **01**

馬卡龍的基礎功夫

048

SWEETS. **02**

色彩繽紛的馬卡龍

062

SWEETS. **03**

流行時尚的馬卡龍

本書使用說明

材料全部以「公克」標示。
使用量器的話，標準如下：
水 1 杯（200cc）=200g
牛奶 1 杯（200cc）=210g
鮮奶油 1 杯（200cc）=200g
鮮奶油使用乳脂含量 35% 的
產品。

烤箱的烘焙時間僅供參考。
由於不同機種的差異，請自
行依情況調整溫度及時間。

製作馬卡龍的用語集請參考
第 124 頁。

Base de macaron

馬 卡 龍 的 基 礎 功 夫

馬 卡 龍 是 由 什 麼 製 成 ？
烤 麵 團 真 的 很 不 容 易 嗎 ？
無 論 是 第 一 次 製 作 或 有 經 驗 的 人 ，
都 請 照 著 基 本 步 驟 循 序 進 行 。
本 章 將 介 紹 最 簡 單 的 圓 餅 與 各 式 奶 油 醬 的 做 法 。

P â t e

義大利蛋白霜是將熱糖漿加入蛋白霜中打發製成，
最大的特色就是蓬鬆的口感與漂亮的霧面。
而法式蛋白霜則是用蛋白霜加上糖粉製成，烤出來的成品較扁平。
本單元所製作的馬卡龍，較常使用義大利蛋白霜的做法。

做法 ❶
圓餅｜義大利蛋白霜

材　料　　　　Matériau

（馬卡龍 50 顆）

A：圓餅基本材料

　　糖粉⋯⋯⋯⋯⋯⋯500g

　　杏仁粉⋯⋯⋯⋯⋯500g

　　（糖粉與杏仁粉以1：1的
　　比例混和成杏仁糖粉）

＊＊＊

B：糖漿材料

　　水⋯⋯⋯⋯⋯⋯⋯150g

　　白砂糖⋯⋯⋯⋯⋯500g

＊＊＊

C：蛋白霜材料

　　蛋白⋯⋯⋯⋯⋯⋯190g

　　白砂糖⋯⋯⋯⋯⋯50g

　　蛋白霜粉⋯⋯⋯⋯3g

＊＊＊

蛋白⋯⋯⋯⋯⋯⋯⋯190g

■ PÂTE

1-1

煮到冒泡

1-2

step 1

製作糖漿
-Faire un sirop-

1. 將材料 **B** 放入鍋中，以小火
　煮到冒出小氣泡，溫度約為
　94~95℃。

2. 先量溫度，待溫度上升至
　110~116℃，液體變得黏稠
　且沒有氣泡就關火，再冷卻
　至 105~110℃。

POINT

請注意，若煮到變成焦褐色，就
無法當作糖漿使用；而冷卻到
80℃的話，砂糖則會結晶產生雜
質。

約 110℃

2

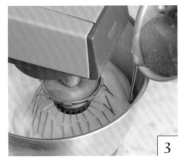

1 2 3

step 2 製作義大利蛋白霜
-Faire une meringue italienne-

1. 將蛋白放入盆中，使用電動攪拌器以中速打發。

2. 將蛋白打到雪白細緻，再少量多次加入事先混合了蛋白霜粉的白砂糖，繼續攪拌，直到充分打發，就表示白砂糖已經完全溶解。繼續攪拌至蛋白可立起，就是一般的蛋白霜。

3. 在攪拌2的同時，慢慢地加入step1-2的糖漿。

POINT

step1 和 step2-2 最好同時完成。

4. 繼續打發，直到泡沫更細緻，能夠維持挺立的狀態。

5. 打至蛋白出現滑順光澤且可以立起時，義大利蛋白霜就完成了。

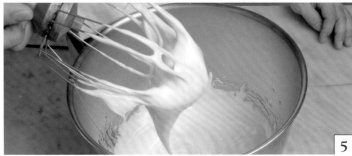

4 5

step 3

製作圓餅
-Faire un pâte-

1. 將step2-5的義大利蛋白霜移至較大的盆中。

2. 將材料 **A** 過篩加入大盆中，與1混合。

3. 混合2的乾粉材料與1的義大利蛋白霜。接著進行「壓拌麵糊（Macaronnage）」的步驟。

✳ ✳ ✳

POINT

蛋白霜粉中的蛋白水份含量，不會因季節、狀態等不穩定的因素而變化，適度添加在麵糊中，可製作出更堅挺安定的蛋白霜。

4. 選好喜歡的顏色，將食用色素溶解在蛋白中。範例使用的是單色，也可以選擇多種顏色自行混合。

加入喜歡的食用色素 5-1

5-2

5-3

6-1

6-2

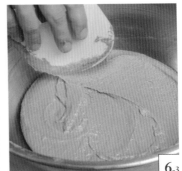
6-3

5. 把4加入3，以橡皮刮刀開始拌切，慢慢混合均勻。將食用色素加進麵糊裡看起來顏色會較深，烤好後才會呈現出剛剛好的色調。

＊ ＊ ＊

POINT

一邊轉動盆子一邊確實拌勻，避免出現氣泡。

6. 混合出顏色均勻的麵糊後，將橡皮刮刀換成刮板，反覆將麵糊壓抹在盆子內側。

7. 等到麵糊壓拌出光澤，「壓拌麵糊」的步驟就完成了。質感會變得像溼軟的蛋糕麵糊，撈起滑落時會出現如緞帶般的折疊狀。

麵糊完成 7

step 4

烤麵糊

-Faire cuire un pâte au four-

1. 將擠花袋的開口反折握好，以刮板撈起，並將麵糊填入。動作要快，以免麵糊變太軟；填麵糊時要將麵糊推到底部，避免空氣進入。

2. 事先在白紙上畫出直徑4.5cm的圓形當作紙型，擺在桌面上。烘焙紙鋪在紙型上，邊緣以重物壓好固定，避免紙張滑動。

3. 花嘴與烤盤保持垂直，無需舉高。左手輕輕支撐擠花袋。

❋ ❋ ❋

POINT

這裡使用的是 12 號花嘴，也可以選用 11 號花嘴，只要擠出來的麵糊直徑為 4.5cm 即可。

1

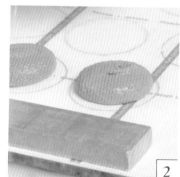

2

擠麵糊的姿勢

3-1

3-2

麵糊要比圓周小一圈

4-1

4. 開始擠麵糊時，先將花嘴輕
   輕固定在紙型正中央，將麵
   糊擠成比圓周小一圈的圓。
   這時不要移動花嘴畫圈，而
   是讓麵糊呈同心圓狀，並從
   花嘴向外展開。

5. 擠完時，花嘴稍微向上繞一
   下收尾。擠花袋中的麵糊變
   少時，可用刮板將麵糊推向
   花嘴附近，不要殘留。

6. 擠好麵糊後，抽掉紙型，
   捧起烤盤，輕拍盤底兩三
   下，去除麵糊中多餘的空
   氣。

4-2

擠完收尾

5

輕拍烤盤

6

乾燥前 7-1

乾燥後 7-2

7. 靜置約30分鐘，待麵糊乾
燥。等確認麵糊不會沾附手
指之後，放入150ºC的烤箱
烤15分鐘。烤到表面有光
澤，底面也確實烤熟，圓餅
底部出現法文稱為Pied（腳
的意思）的「蕾絲裙」，這
就成功了。

✳ ✳ ✳

POINT

請注意，如果尚未完全乾燥便放
入烤箱烘烤的話，表面容易破裂。

烤好後 7-3

7-4

奶油霜是最常見的馬卡龍基本內餡。
是將卡士達（Custard）風味的英格蘭奶油醬（Anglaise sauce）
加入義大利蛋白霜混合，最後再混入奶油，步驟雖較為繁瑣，
但成品濃醇綿密且帶著清爽口感，讓美味更加分。
試著多做一點放在冰箱裡備用吧！

做法 2
奶油霜

材　料　Matériau
（馬卡龍 100 顆）

英格蘭奶油醬材料

牛奶……………………100g
蛋黃……………………80g
白砂糖…………………100g

＊＊＊

無鹽奶油………………420g

＊＊＊

義大利蛋白霜材料

A：水 ……………………40g
　　白砂糖 ………………110g
B：蛋白 …………………55g
　　白砂糖 ………………110g

step 1

製作英格蘭奶油醬
-Faire une sauce anglaise-

1. 將蛋黃與一半（50g）的白砂糖充分混合均勻。

2. 另一半白砂糖則加入牛奶裡，加熱至快要沸騰為止。

3. 將2加入1，以小火加熱至80~82°C，就是較不濃稠的卡士達醬。

4. 將3離火過篩，成品就是英格蘭奶油醬。

5. 將放置室溫軟化的無鹽奶油（可用手指分開的硬度）加入4，利用打蛋器或電動攪拌器以低速拌至滑順狀態為止。

3-1

3-2

4-1

4-2

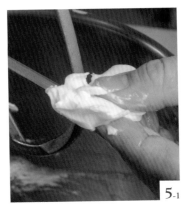

5-1

5-2

5-3

step 2 製作糖漿
-Faire un sirop-

1. 將義大利蛋白霜的材料 A 放入鍋中，以小火煮到冒出小
   氣泡，溫度約在94~95℃。

2. 測量溫度，等溫度上升至110~116℃，待液體變得黏稠
   且沒有氣泡就關火，讓其冷卻到105~110℃左右。

❉ ❉ ❉

POINT
若煮到變成焦褐色，就無法當作糖漿使用；而冷卻到 80℃的話，
砂糖會結晶產生雜質。

4-3

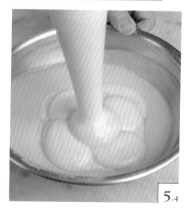

5-4

約 110℃　2

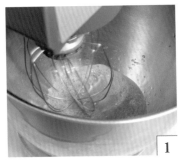

製作義大利蛋白霜
-Faire une meringue italienne-

1. 將材料 B 的蛋白放入盆中，以中速的電動
   攪拌器打發。

2. 將蛋白打到雪白細緻，再少量多次加入 B
   的白砂糖，繼續攪拌，直到充分打發，就
   表示白砂糖已經完全溶解。繼續攪拌至蛋
   白可立起，就是一般的蛋白霜。

3. 攪拌2的同時慢慢地加入step2的糖漿。

POINT
step2 和 step3-2 最好同時完成。

4. 繼續打發，直到產生的泡沫更細緻、能夠
   維持挺立。

5. 打到蛋白出現滑順光澤且可以立起時，義
   大利蛋白霜就完成了。

1-1

1-2

1-3

製作奶油霜
-Faire une crème au beurre-

1. 將step1移至盆中，加入
   step3混合均勻。

2. 移到烤盤上均勻冷卻，蓋
   上保鮮膜避免接觸空氣，
   冷藏約1小時。

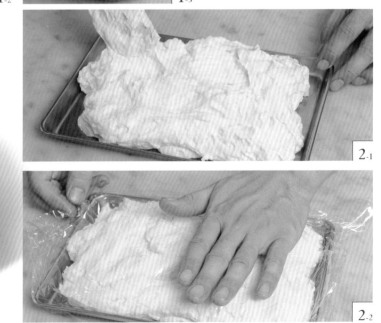

2-1

2-2

Ganache au chocolat

使用苦味巧克力做成的甘納許奶油醬，
其特色為滑順醇厚的口感與微苦的滋味。
可以依個人喜好調整巧克力的甜度與顏色，
就能做出別具特色的甘納許奶油醬。

做法 3
甘納許奶油醬

材　料　Matériau
（馬卡龍 100 顆）

鮮奶油‥‥‥‥‥‥‥‥‥470g
轉化糖 *‥‥‥‥‥‥‥‥‥95g
苦味巧克力‥‥‥‥‥‥‥465g
（可可含量70%）
無鹽奶油‥‥‥‥‥‥‥‥160g

＊編註｜常用於巧克力的製作，因為
　　　有不易結晶的特性，可以使
　　　製作出來的成品質地較滑
　　　順，一般的烘焙材料店皆可
　　　購得。

製作甘納許奶油
-Faire une Ganache au chocolat-

1

1. 將巧克力切碎。

2. 在鍋中加入鮮奶油和轉化糖
　加熱，沸騰後關火，全部倒
　入1中。

POINT
完全沸騰可防止鮮奶油敗壞。

3. 利用鮮奶油的熱度溶解巧克
　力，以打蛋器慢慢攪拌至完
　全均勻。

2

3-1

3-2

3-3

4. 將無鹽奶油切成小塊加入3。

5. 以打蛋器輕輕攪拌直到奶油完全溶化。

6. 改用電動攪拌器拌至滑順狀態為止。如果沒有電動攪拌器，也可使用打蛋器或耐熱橡皮刮刀，仔細混合均勻。

＊ ＊ ＊

POINT
使用電動攪拌器時，將材料裝在較深的容器中，會比較容易操作。

4-1

4-2

5

6

7. 攪拌到出現光澤，撈起後會濃稠地滑落為止。

8. 將成品倒在烤盤上，蓋上保鮮膜避免與空氣接觸，靜置在陰涼處冷卻。

7

8-1

8-2

ARRANGE！

也可以用白巧克力取代牛奶巧克力，做出來的就是白色甘納許。可自由選擇喜歡的口味。

8-3

甘甜中帶著清爽檸檬風味的卡士達奶油醬，
酸酸的新鮮檸檬汁巧妙地搭配了微苦的檸檬皮屑，
清爽的食感令人回味無窮。

做法 ④
檸檬奶油醬

材　料 Matériau
（馬卡龍 50 顆）

全蛋	250g
白砂糖	255g
檸檬汁	220g
檸檬皮	25g
玉米粉	10g
無鹽奶油	375g

☐ PÂTE

■ **CRÈME**

　Crème au beurre

　Ganache au chocolat

　Crème au citron

☐ CONFITURE

　Confiture de framboise

☐ SAUCE AU CARAMEL

☐ ASSEMBLAGE

1-1

2-1

2-2

2-3

2-4

製作檸檬奶油
-Faire une crème au citron-

1. 將檸檬汁與檸檬皮屑放入鍋中加熱，煮至沸騰後關火。檸檬皮屑可讓奶油充滿檸檬香氣。

2. 將全蛋、白砂糖、玉米粉快速混合攪拌。

※ ※ ※

POINT

玉米粉有凝膠作用，即使材料溫度升高，也不易分離。

3. 把1加入2，加熱直到快要沸
   騰的狀態。

4. 當鍋中開始冒出小氣泡時，
   即可關火。

5. 以網眼較粗的篩子過篩後，
   自然冷卻至50-55℃。

6. 將放置室溫軟化的無鹽奶油
   （可用手指分開的硬度）切
   成適當大小，加入5。

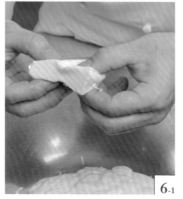

7. 用打蛋器確實攪拌，如果在這個步驟中，還有顆粒狀也無妨。

8. 改用電動攪拌器拌至滑順狀態為止。

※ ※ ※

POINT
使用電動攪拌器時，將材料裝在較深的容器中，會比較容易操作。

9. 倒在烤盤上，蓋上保鮮膜，放入冰箱冷藏約3小時。

Confiture de framboise

色彩鮮豔且帶著酸甜清爽風味的果醬內餡，
無論是加在奶油上或單獨使用都十分美味，
也可以換成自己喜歡的水果，變化出更多不同的組合。

做法 5
覆盆子果醬

材　料　　　　Matériau
（馬卡龍 50 顆）

覆盆子果肉‥‥‥‥‥‥ 250g
檸檬汁‥‥‥‥‥‥‥‥ 10g
白砂糖‥‥‥‥‥‥‥‥ 125g
蘋果果膠‥‥‥‥‥‥‥ 4g
覆盆子果泥‥‥‥‥‥‥ 70g

☐ PÂTE
☐ CRÈME
　Crème au beurre
　Ganache au chocolat
　Crème au citron
■ CONFITURE
　Confiture de framboise
☐ SAUCE AU CARAMEL
☐ ASSEMBLAGE

1

2

3-1

3-2

3-4

製作覆盆子果醬
-Faire une confiture de framboise-

1. 先混合白砂糖和蘋果果膠，並避免出現結塊。

2. 壓碎覆盆子果肉，放入鍋中以小火加熱。

3. 待2沸騰且冒出水蒸氣後，改以中火加熱，並加入1，煮到100ºC，直到冒出大氣泡為止。

4. 保持中火加熱並持續攪拌，待液體變稠且氣泡變少就關火。

5. 將冰過的覆盆子果泥全部加入4中，無須加熱，均勻後即完成。

※ ※ ※

POINT
果泥的香氣會因為溫度升高而減少，所以最好先冰過再使用。

6. 將5放入裝有冰水的盆中隔水冷卻，降溫後再放入冰箱中。

4

5-1

5-2

au caramel

美味的焦糖醬，有著入口即化的甘甜與微苦。
帶點令人懷念的焦香味，大人小孩都會喜歡。
與奶油夾在一起，平凡的馬卡龍也能華麗變身。

做法 6
焦糖醬

材料　Matériau
（馬卡龍 50 顆）

白砂糖·················· 140g
無鹽奶油·············· 20g
鮮奶油·················· 120g
粗鹽····················· 0.2g

製作焦糖醬
-Faire une sauce au caramel -

1. 將白砂糖以少量多次加入鍋中，開小火加熱。

2. 待 1 溶化後，再加入白砂糖，一邊轉動鍋子，使所有砂糖完全溶解。

3. 邊轉動鍋子至 2 逐漸變成焦褐色。

4. 待 3 完全變成褐色後，關火，加入無鹽奶油，以木匙攪拌均勻。

1

2

3

4-1

4-2

5. 將4攪拌到滑順狀態後，以
   少量多次加入鮮奶油。

※ ※ ※

POINT
若一下子全部倒入的話，焦糖醬
會很容易噴濺出來，請小心不要
燙傷了。

6. 再次加熱，使鍋邊的焦糖溶
   化，與整鍋焦糖醬融勻。

7. 加熱到不會燒焦的程度，加
   入一點點粗鹽，可提出不同
   層次的味道。

8. 煮到氣泡消失、焦糖醬變滑
   順，直接靜置冷卻即完成。

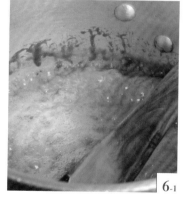

Assemblage

烤好圓餅並製作奶油和果醬後，馬卡
龍便一切就緒了。
在底層的馬卡龍擠上奶油，再小心翼
翼地蓋上另一片馬卡龍，大功告成！
本單元將介紹馬卡龍與奶油、果醬的
組合方式。

做法 6
組合馬卡龍

組合馬卡龍
-Assembler un macaron-

1. 將兩片大小一致的馬卡龍圓餅分為一組。用果汁機（或食物調理機）將冷藏過的奶油霜打至滑順。

2. 把打至滑順的奶油霜填入擠花袋中，擠在圓餅上。收尾時，花嘴在中間輕壓一下後再移開。

3. 冷藏過的果醬填入擠花袋，將從端剪下一小段。擠果醬時，一手按住底層馬卡龍圓餅，保持平衡。

4. 以拇指稍微壓凹上層馬卡龍圓餅的內側。

1

2

3-1

3-2

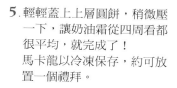
4

5-1

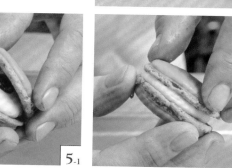
5-2

5. 輕輕蓋上上層圓餅，稍微壓一下，讓奶油霜從四周看都很平均，就完成了！
馬卡龍以冷凍保存，約可放置一個禮拜。

跨越時代與國界
法國馬卡龍紀行

提到「馬卡龍」,你可能會馬上想到精緻可愛、以繽紛色彩妝點著櫥窗的小圓餅,不過馬卡龍並非一開始就是這個模樣。本書將帶領讀者以順時鐘方向環遊法國一周,介紹各地的馬卡龍風格。

「馬卡龍」最早是虔誠修女的點心

一開始這麼說或許有點顛覆常識，事實上馬卡龍的出生地不是法國，而是義大利。據說修道院早在西元 791 年，就已經開始製作馬卡龍了，雖然顏色和形狀與現在市面上流行的馬卡龍不同，但可以確定的是，同樣是使用蛋白、砂糖、杏仁混合後烘焙而成。

一想到馬卡龍不是華麗的代表，而是透過虔誠修女的手製作而成，胸口就湧上一股別樣的情懷。

從義大利陪嫁而來

到了十六世紀，佛羅倫斯富豪麥地奇（Medici）家族的女兒凱瑟琳‧德‧麥地奇（Catherine de Médicis）嫁給了後來的法王亨利二世，從義大利來到法國，也藉由一群一流甜點師之手，將馬卡龍帶進法國。

當時，隨著凱瑟琳一起嫁至法國的馬卡龍，與修女們烘焙的成品一樣簡單樸素。

法國各地引以自豪的馬卡龍

南錫馬卡龍（Macaron de Nancy）

保留最多古時風格的馬卡龍，莫過於法國東北部亞爾薩斯旁洛林（Lorraine）區的「南錫馬卡龍」。修女製作的馬卡龍在這個地方落地生根，當時是為了減輕修道院院長的胃部負擔而做的點心，這麼說來，修道院院長是位美食家呢！

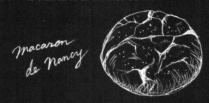

另一則傳說，則是 18 世紀時，受到迫害的兩位修女至南錫避難，並烤了馬卡龍感謝收留她們的居民，因而取「馬卡龍的修女」之意，稱這種馬卡龍為「Soeur de macaron」。

至於最重要的味道部分，它的特徵是有縱橫交錯的裂痕，表面酥脆，裡頭 Q 軟。販賣的攤子會直接把烘烤時鋪底的紙撕開，連同馬卡龍一起包裝，也是其獨到之處。

亞爾薩斯省的露天咖啡座

主廚小語 Guide

　　位在德國邊境的亞爾薩斯，是個有密集的森林與水源的美麗境地。我在此學藝時吃過一種類似蛋糕的咕咕洛夫麵包（Kouglof），它的美味讓我至今無法忘懷，因此在我的店裡也有販售。

瑪喜雅客馬卡龍（Macaron de Massiac）

　　位在法國中間的中央高地，流行的是瑪喜雅客馬卡龍。這種馬卡龍不用杏仁，而是以開心果來製作。

聖尚德路斯馬卡龍
（Macaron de Saint-Jean-de-Luz）

　　前進至法國東南部，位在西班牙邊境的法屬巴斯克地區最廣為人知的是聖尚德路斯馬卡龍。它帶點蜂蜜香氣，被視為是最頂級的馬卡龍。大量使用西班牙產的杏仁，讓人能夠感受到西班牙的風情。

聖達美隆馬卡龍（Macaron de Saint-emillion）

　　此地也是著名的葡萄酒產區，到處都能看見葡萄酒專賣店，因此，這裡的馬卡龍還加入了蘇玳（Sauternes）產區的甜白酒。外觀類似南錫馬卡龍，特徵是表面有裂痕，本身有明顯的杏仁與砂糖味，也有人說這就是鄉間的媽媽味。

　　被問到「好吃嗎？」的時候，請舉起葡萄酒杯和馬卡龍，毫不猶豫地回答：「oui ！（法文肯定之意）」

蒙脫馬卡龍（Macaron de Montmorillon）

　　法國西部普瓦圖－夏朗德（Poitou-Charentes）地區的蒙脫馬卡龍誕生自 19 世紀。這種馬卡龍不是圓型，而是以星形花嘴擠成皇冠形狀，為它最大的特徵 芳香的杏仁風味 帶有一點黏黏的口感。配合不同季節，有時會在傳統的圓餅麵糊中加入巧克力等做變化。

沙托蘭馬卡龍
（Macaron de Châteaulin）

　　接著我們來到法國西北部，布列塔尼地區的沙托蘭。此地的馬卡龍有和銅鑼燒一樣的大小，令人驚艷不已。表面酥脆，裡頭蓬鬆柔軟，剛出爐的成品最能夠充分品嘗這種口感。

主廚小語

位在沙托蘭東北部的諾曼第,有著美麗的海岸線,街上充滿歷史名勝,列名聯合國世界遺產之一的聖米歇爾修道院(Abbaye du Mont-Saint-Michel),也是必訪之處。不過,知道馬卡龍的發源地是修道院之後,我體會到無分職業或身份,只要是人,都喜歡追求純粹的美味。

亞眠馬卡龍(Macarons d'Amiens)

繼續來到法國北部,位在皮卡第(Picardie)的亞眠是距離巴黎約 1 小時車程的大城市。世界遺產亞眠大教堂,四周甜點店林立,到處都有販售帶點厚度的亞眠馬卡龍。圓餅麵糊中加入蜂蜜後靜置一晚,再將揉成棒狀的麵團切成 1cm 左右的圓片烘烤。圓餅麵糊中多半會加入果醬混合,特徵是外表看來有點乾,咬下卻有意想不到的溼潤口感。

macaron d'amien

到了巴黎,華麗變身

環遊法國一周,我們終於來到巴黎!

艾菲爾鐵塔、凱旋門、香榭麗舍大道……,這個城市有眾多的華麗觀光景點,她的馬卡龍也一樣鮮艷耀眼。

本書中介紹的馬卡龍都是誕生自巴黎的「巴黎馬卡龍」。與前面介紹的不同,此種馬卡龍的顏色很漂亮,圓餅是以蛋白充分打發,做成蛋白霜後烘烤而成,最大特徵是烤好後會出現「蕾絲裙」的效果。至於味道,就請你翻開下一頁,親自體驗看看吧!

主廚小語

巴黎是我成為甜點主廚的起點,這裡不僅是我學習法國甜點的地方,也是沉思的所在,更是我找回自己的重要城市。

忘不了第一次在巴黎吃到美味馬卡龍的感動,於是帶著「我要做出這種美味」的想法回到日本,而有了現在的成就。

8 月清晨的巴黎

SWEETS.02

Couleur

色 彩 繽 紛 的 馬 卡 龍

Couleur是法文中「顏色」之意，

繽紛、輕巧、華麗，

就像滾動的輪子，

也像互相均衡支撐的磚塊一般。

即使僅有一顆，也有滿滿的樂趣。

本章將介紹帶有巴黎活潑風格的馬卡龍。

覆盆子

粉紅色的圓餅，加上杏仁風味的奶油霜
與酸甜的蔓越莓果醬，
是一款口味清爽且相當受歡迎的魅力馬卡龍。

Couleur

材　料　Matériau

（馬卡龍 50 顆）

圓餅

《參考第14頁》

使用覆盆子紅色食用色素。

杏仁糖粉⋯⋯⋯⋯⋯⋯⋯1,000g

（糖粉500g+杏仁粉500g）

A：蛋白⋯⋯⋯⋯⋯⋯⋯⋯190g

　　白砂糖⋯⋯⋯⋯⋯⋯⋯50g

　　蛋白霜粉⋯⋯⋯⋯⋯⋯3g

B：水⋯⋯⋯⋯⋯⋯⋯⋯⋯150g

　　白砂糖⋯⋯⋯⋯⋯⋯⋯500g

蛋白⋯⋯⋯⋯⋯⋯⋯⋯⋯190g

＊＊＊

杏仁奶油

奶油霜⋯⋯⋯⋯⋯⋯⋯⋯500g

（參考第22頁，

使用總份量的1/2。）

杏仁粉⋯⋯⋯⋯⋯⋯⋯⋯35g

＊＊＊

覆盆子果醬

《參考第36頁》

覆盆子果肉⋯⋯⋯⋯⋯⋯250g

檸檬汁⋯⋯⋯⋯⋯⋯⋯⋯10g

白砂糖⋯⋯⋯⋯⋯⋯⋯⋯125g

蘋果果膠⋯⋯⋯⋯⋯⋯⋯4g

覆盆子果泥⋯⋯⋯⋯⋯⋯70g

做　法　Une procédure

圓餅

參考第14頁。

1. 將材料 A 充分混合，製成蛋白霜。

2. 煮沸材料 B 製成糖漿，小心避免煮焦。將 A 與 B 混合就是義大利蛋白霜。

3. 將杏仁糖粉、2、蛋白混合均勻，放入150℃的烤箱烤15分鐘。

杏仁奶油醬

參考第14頁。

1. 參考第22頁做法製作奶油霜，再加入過篩的杏仁粉，以橡皮刮刀均勻混合。

2. 蓋上保鮮膜，放入冰箱冷藏1小時。

覆盆子果醬

參考第36頁。

最後裝飾

參考第42頁。

開心果

開心果綠的圓餅，
加上奶油霜和色彩鮮豔的櫻桃果醬，
充滿了愉悅香氣與鮮明色彩。

Couleur

材　料　　Matériau

（馬卡龍 50 顆）

圓餅

《參考第14頁》

使用開心果綠色食用色素。

杏仁糖粉························1,000g

（糖粉500g＋杏仁粉500g）

A：蛋白··························190g

　　白砂糖························50g

　　蛋白霜粉·····················3g

B：水····························150g

　　白砂糖·······················500g

蛋白····························190g

＊＊＊

開心果奶油醬

奶油霜··························500g

開心果果泥（義大利Fugar）30g

開心果果泥（法國Sevarome）15g

＊＊＊

櫻桃果醬

A：櫻桃果泥·····················250g

　　檸檬汁························10g

　　白砂糖·······················125g

　　蘋果果膠·····················4g

B：櫻桃果泥······················70g

＊＊＊

最後裝飾

櫻桃（冷凍）····················50顆

水······························200g

白砂糖··························200g

做　法　　Une procédure

圓餅

參考第14、51頁。

開心果奶油醬

參考第22頁。

1. 在奶油霜中加入兩種開心果果泥後，以攪拌器混合均勻。開心果果泥容易結塊，最好事先放在小盆中，加入少量奶油霜拌勻後，再加入其他奶油霜中。

2. 蓋上保鮮膜，放入冰箱冷藏約1小時。

櫻桃果醬

參考第36頁。

將果泥 A 煮滾後，加入果泥B即完成。放入裝有冰水的盆中隔水冷卻，降溫後再放入冰箱冷藏。

最後裝飾

1. 煮沸水與白砂糖製成糖漿，小心避免煮焦。

2. 將事先解凍的櫻桃加入1，浸泡1~2小時後，就會像麥芽糖一樣凝固。

3. 將奶油、果醬依序放上圓餅，再加上一顆2的櫻桃，組合起來即完成。

macaron
Citron

檸檬

閃耀的黃色圓餅，
加上檸檬奶油醬與糖漬檸檬，
品嘗得到清爽甜美與口感。

材　料　Matériau
（馬卡龍 50 顆）

圓餅

《參考第14頁》
使用檸檬黃色食用色素。

杏仁糖粉	1,000g

　（糖粉500g+杏仁粉500g）

A：	蛋白	190g
	白砂糖	50g
	蛋白霜粉	3g
B：	水	150g
	白砂糖	500g
	蛋白	190g

❋ ❋ ❋

檸檬奶油醬

《參考第32頁》

全蛋	250g
白砂糖	255g
檸檬汁	220g
檸檬皮	25g
玉米粉	10g
無鹽奶油	375g

❋ ❋ ❋

最後裝飾

糖漬檸檬	200g

做　法　Une procédure

圓餅

參考第14頁。

1. 將材料 A 充分混合，製成蛋白霜。

2. 煮沸材料 B 製成糖漿，小心避免煮焦。將 A 與 B 混合就是義大利蛋白霜。

3. 將杏仁糖粉、2、蛋白混合均勻，放入150°C的烤箱烤15分鐘。

檸檬奶油醬

參考第32頁。

最後裝飾

參考第42頁。

1. 事先將糖漬檸檬切成1cm的塊狀。

2. 擠上檸檬奶油醬，依個人喜好放上適量的 1，組合起來即完成。

macaron
Vanille

香草

牛奶般雪白的圓餅，加上香甜的香草氣息，
圓餅裡還可以看見一顆顆香草莢的黑色種子，
蘊藏著含蓄典雅的巧思與濃郁的芳香。

Couleur/

材　料　　　Matériau
（馬卡龍 50 顆）

圓餅

《參考第14頁》
不使用食用色素。
杏仁糖粉……………………1,000g
（糖粉500g+杏仁粉500g）
香草粉………………………………4g
（打碎的乾燥香草豆莢）
A：蛋白……………………190g
　　白砂糖…………………50g
　　蛋白霜粉………………3g
B：水………………………150g
　　白砂糖…………………500g
蛋白…………………………190g

＊　＊　＊

香草甘納許

鮮奶油………………………540g
白巧克力……………………600g
香草豆莢（馬達加斯加島產的
波旁種）……………………2根
香草豆莢（大溪地產）……2根
香草精…………………………10g
香草粉…………………………4g

做　法　　　Une procédure

圓餅

參考第14頁。

1　將材料 A 充分混合，製成蛋白霜。

2　煮沸材料 B 製成糖漿，小心避免煮焦。將 A 與 B 混合就是義大利蛋白霜。

3　將杏仁糖粉、2、蛋白混合均勻，放入150°C的烤箱烤15分鐘。

香草甘納許

1　分別將兩種香草豆莢對半剖開，刮下種子。

2　將1和鮮奶油放入鍋中加熱，沸騰後離火約15分鐘，再過濾。

3　將切碎的白巧克力少量多次加入2。

4　將香草精加入3，以電動攪拌器混合至滑順狀態。

5　蓋上保鮮膜，放入冰箱冷藏保存。

最後裝飾

參考第42頁。

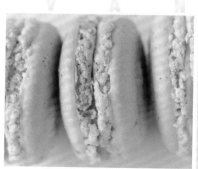

macaron
Praliné

核果糖

口味溫和的可可色圓餅，
加上榛果奶油與酥脆的脆餅，
有著酥香爽口的感受。

Couleur

材　料　Matériau

（馬卡龍 50 顆）

圓餅

《參考第14頁》
使用咖啡漿*與檸檬黃色混合的
食用色素。

杏仁糖粉	1,000g

（糖粉500g+杏仁粉500g）

A：	蛋白	190g
	白砂糖	50g
	蛋白霜粉	3g
B：	水	150g
	白砂糖	500g
	蛋白	190g
	可可磚	50g

* * *

榛果核果糖脆片

脆餅脆片	75g
榛果核果糖	175g
無糖榛果醬	175g
牛奶巧克力（可可含量40%）	85g
無鹽奶油	35g

* * *

核果糖奶油醬

奶油霜	500g
榛果核果糖	30g
無糖榛果醬	15g

*編註｜一種濃縮的咖啡液，常在製作甜點時
　　　使用，以增添咖啡香氣

做　法　Une procédure

圓餅

參考第14頁。

榛果核果糖脆片

1. 榛果核果糖與榛果醬混合。

2. 以40℃溶化牛奶巧克力，與奶油一起加入1，再加上脆片混合均勻。

3. 將2抹平成3~5cm的厚度，放入冰箱冷卻定型後，切成1.5cm的小塊。

核果糖奶油醬

1. 奶油霜加入榛果核果糖和無糖榛果醬，混合均勻。榛果醬容易結塊，最好事先與少量奶油霜拌勻後，再加入其他奶油霜中。

2. 將1混合至滑順均勻即完成。冷藏約1小時。

最後裝飾

參考第42頁。
擠上核果糖奶油醬，擺上榛果核果糖脆片，組合起來即完成。

macaron
Abricot epicé

香甜杏桃

橘色圓餅搭配杏桃風味的奶油醬，
吃得到杏桃乾果肉而讓口感更加讓人驚艷，
是一款甜味與酸味絕妙平衡的馬卡龍。

材　料　　　Matériau

（馬卡龍 50 顆）

圓餅

《參考第14頁》
使用草莓紅與檸檬黃混合的食用色素。

杏仁糖粉 ……………… 1,000g
（糖粉500g+杏仁粉500g）

A：蛋白 ……………… 190g

　　白砂糖 …………… 50g

　　蛋白霜粉 ………… 3g

B：水 ………………… 150g

　　白砂糖 …………… 500g

蛋白 …………………… 190g

✳ ✳ ✳

杏桃奶油醬

白巧克力 ……………… 200g

杏桃果泥 ……………… 150g

可可脂* ………………… 10g

杏桃乾 ………………… 200g

Quartre épices法式綜合香料粉
（黑胡椒、薑、肉荳蔻、丁香）
………………………… 2g

*編註｜從可可豆中壓榨出的脂肪物質，有著可可豆的香氣與柔軟滑順的質感。

做　法　　　Une procédure

圓餅

參考第14頁。

1. 將材料 A 充分混合，製成蛋白霜。

2. 煮沸材料 B 製成糖漿，小心避免煮焦。將 A 與 B 混合就是義大利蛋白霜。

3. 杏仁糖粉、2、蛋白混合均勻，放入150℃的烤箱烤15分鐘。

杏桃奶油醬

1. 混合杏桃果泥與法式綜合香料粉。

2. 將杏桃乾切成0.5cm的立方塊。

3. 將白巧克力切碎放入盆中，加入事先隔水加熱至40~45℃的溶化可可脂，混合均勻。

4. 將1加熱至45℃，以少量多次加入3中。

5. 以電動攪拌器將4混合至滑順狀態，再加入2混合均勻。

6. 蓋上保鮮膜，放入冰箱冷藏約1小時。

最後裝飾

參考第42頁。
擠上杏桃奶油醬，放上杏桃乾，組合起來即完成。

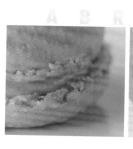

SWEETS.03

Chic

流行時尚的馬卡龍

Chic在法文中有「時髦」之意，
高雅、率性且沉穩的馬卡龍，
即使每顆都與眾不同，
全部排列在一起卻十分地協調。
僅以單顆擺盤，也能展現出成熟的穩重風格。
本章將介紹充滿巴黎優雅風情的馬卡龍。

macaron
Foret-noire

黑森林蛋糕

櫻桃般鮮紅的圓餅，搭配加了櫻桃香甜酒的甘納許，
還有以櫻桃香甜酒醃漬過的櫻桃，
就是重現傳統黑森林蛋糕的大人風味馬卡龍。

Chic

材　料　　Matériau

（馬卡龍 50 顆）

圓餅

《參考第14頁》

使用草莓紅色食用色素。

杏仁糖粉⋯⋯⋯⋯⋯⋯1,000g

（糖粉500g+杏仁粉500g）

A：蛋白⋯⋯⋯⋯⋯⋯⋯190g

　　白砂糖⋯⋯⋯⋯⋯⋯50g

　　蛋白霜粉⋯⋯⋯⋯⋯3g

B：水⋯⋯⋯⋯⋯⋯⋯⋯150g

　　白砂糖⋯⋯⋯⋯⋯⋯500g

蛋白⋯⋯⋯⋯⋯⋯⋯⋯190g

可可粉⋯⋯⋯⋯⋯⋯⋯適量

❋ ❋ ❋

巧克力櫻桃甘納許

鮮奶油⋯⋯⋯⋯⋯⋯⋯470g

苦味巧克力⋯⋯⋯⋯⋯465g

轉化糖⋯⋯⋯⋯⋯⋯⋯95g

無鹽奶油⋯⋯⋯⋯⋯⋯160g

櫻桃香甜酒（Liquer）⋯20g

❋ ❋ ❋

最後裝飾

櫻桃香甜酒漬櫻桃⋯⋯⋯50顆

做　法　　Une procédure

圓餅

參考第14頁。

1. 將材料 A 充分混合，製成蛋白霜。

2. 煮沸材料 B 製成糖漿，小心避免煮焦。將 A 與 B 混合就是義大利蛋白霜。

3. 將杏仁糖粉、2、蛋白混合均勻，將麵糊擠在烤盤上，輕拍烤盤，以篩子撒上可可粉後，放入150ºC的烤箱烤15分鐘。

巧克力櫻桃甘納許

1. 將轉化糖加入液態鮮奶油中加熱，沸騰後關火。

2. 將苦味巧克力切碎放入盆中，加入1，以打蛋器充分混合。

3. 將奶油切塊，放在室溫中軟化後，與櫻桃香甜酒一起加入2，以電動攪拌器混合至滑順狀態。

4. 蓋上保鮮膜，靜置在陰涼處冷卻。

最後裝飾

參考第42頁。

擠上巧克力櫻桃甘納許，在正中央擺上一顆櫻桃，組合起來即完成。

macaron
Gianduja citron

檸檬榛果巧克力

巧克力色的圓餅，
搭配榛果醬與牛奶巧克力甘納許融合的濃醇甜味，
而糖漬檸檬有增添清爽口感的畫龍點睛效果。

Chic

材　料　　Matériau

（馬卡龍 50 顆）

圓餅

使用巧克力色與蔓越莓色混合的食用色素。

杏仁糖粉⋯⋯⋯⋯⋯⋯⋯⋯1,000g

（糖粉500g＋杏仁粉500g）

A：蛋白⋯⋯⋯⋯⋯⋯⋯⋯⋯190g

　　白砂糖⋯⋯⋯⋯⋯⋯⋯⋯50g

　　蛋白霜粉⋯⋯⋯⋯⋯⋯⋯3g

B：水⋯⋯⋯⋯⋯⋯⋯⋯⋯⋯150g

　　白砂糖⋯⋯⋯⋯⋯⋯⋯⋯500g

蛋白⋯⋯⋯⋯⋯⋯⋯⋯⋯⋯190g

可可磚⋯⋯⋯⋯⋯⋯⋯⋯⋯40g

❋ ❋ ❋

榛果甘納許

鮮奶油⋯⋯⋯⋯⋯⋯⋯⋯⋯375g

牛奶巧克力⋯⋯⋯⋯⋯⋯⋯300g

（可可含量40％）

榛果巧克力⋯⋯⋯⋯⋯⋯⋯300g

（榛果醬　牛奶巧克力）

轉化糖⋯⋯⋯⋯⋯⋯⋯⋯⋯60g

❋ ❋ ❋

最後裝飾

糖漬檸檬⋯⋯⋯⋯⋯⋯⋯⋯200g

做　法　　Une procédure

圓餅

參考第14頁。

1. 以40℃溶化可可磚後，加入義大利蛋白霜，用橡皮刮刀輕輕攪拌。

2. 將杏仁糖粉、1與蛋白混合均勻，放入150　的烤箱烤15分鐘。

榛果甘納許

1. 將鮮奶油加入轉化糖一起煮至沸騰。

2. 將牛奶巧克力與榛果巧克力切碎後，放入盆中，加入1，以電動攪拌器混合至完全均勻。

3. 蓋上保鮮膜，放入冰箱冷藏約1小時。

最後裝飾

參考第42頁。無論夾入任何內餡，步驟均相同。

1. 將糖漬檸檬切成約1.5cm的塊狀。

2. 擠上榛果甘納許，依照個人喜好放上適量的1，組合起來即完成。

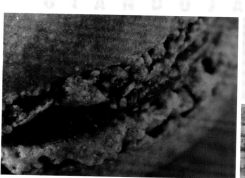

macaron
T h é
茶

奶茶色的圓餅，
加上帶有伯爵茶香氣的巧克力甘納許，
是滑順濃醇的奶茶香氣。

材　料　Matériau
（馬卡龍 50 顆）

圓餅

不使用食用色素。

杏仁糖粉……………………1,000g

（糖粉500g+杏仁粉500g）

伯爵茶茶葉（切碎）…………5g

A：蛋白……………………190g

　　白砂糖…………………50g

　　蛋白霜粉………………3g

B：水………………………150g

　　白砂糖…………………500g

蛋白………………………190g

＊ ＊ ＊

伯爵茶甘納許

鮮奶油……………………475g

牛奶巧克力………………580g

（可可含量40%）

伯爵茶茶葉………………35g

轉化糖……………………45g

無鹽奶油…………………100g

可可磚……………………20g

做　法　Une procédure

圓餅

參考第14頁。

1. 以材料 A 製成蛋白霜、材料 B 製成糖漿，混合就是義大利蛋白霜。

2. 將杏仁糖粉與茶葉混合，加入1和蛋白，放入150°C烤箱烤15分鐘。

伯爵茶甘納許

1. 將鮮奶油煮滾後，關火，加入伯爵茶茶葉，蓋上蓋子悶蒸約10分鐘，再將鮮奶油過篩。

2. 測量1的份量，若不夠的話，再加入鮮奶油與轉化糖後煮至沸騰。

3. 將加熱至40°C的可可磚加入2中，以橡皮刮刀攪拌至滑順狀態，再加入1中。

4. 將切碎的牛奶巧克力加入3，攪拌到完全均勻。

5. 加入置放室溫軟化的奶油，以電動攪拌器混合至滑順狀態。蓋上保鮮膜，靜置在陰涼處冷卻。

最後裝飾

參考第42頁。

macaron
Chocolat
巧克力

有著明顯可可風味的深巧克力色馬卡龍，
使用苦味巧克力製作的甘納許混合切碎的可可豆，
充分展現出苦甜巧克力的魅力。

Chic

材　料　Matériau

（馬卡龍 50 顆）

圓餅

《參考第14頁》

使用蔓越莓色食用色素。

杏仁糖粉 ⋯⋯⋯⋯⋯⋯⋯ 1,000g

（糖粉500g+杏仁粉500g）

A： 蛋白 ⋯⋯⋯⋯⋯⋯⋯⋯ 190g

　　白砂糖 ⋯⋯⋯⋯⋯⋯⋯ 50g

　　蛋白霜粉 ⋯⋯⋯⋯⋯⋯ 3g

B： 水 ⋯⋯⋯⋯⋯⋯⋯⋯⋯ 150g

　　白砂糖 ⋯⋯⋯⋯⋯⋯ 500g

蛋白 ⋯⋯⋯⋯⋯⋯⋯⋯⋯ 190g

可可磚 ⋯⋯⋯⋯⋯⋯⋯⋯ 150g

可可粉 ⋯⋯⋯⋯⋯⋯⋯⋯ 適量

＊　＊　＊

巧克力甘納許

《參考第28頁》

鮮奶油 ⋯⋯⋯⋯⋯⋯⋯⋯ 470g

苦味巧克力 ⋯⋯⋯⋯⋯⋯ 465g

（可可含量70%）

轉化糖 ⋯⋯⋯⋯⋯⋯⋯⋯ 95g

無鹽奶油 ⋯⋯⋯⋯⋯⋯⋯ 160g

＊　＊　＊

最後裝飾

可可豆（切碎）⋯⋯⋯⋯ 100g

做　法　Une procédure

圓餅

參考第14頁。

1. 以40℃溶化可可磚後，加入義大利蛋白霜，用橡皮刮刀輕輕攪拌。

2. 將杏仁糖粉、1、蛋白混合均勻。

3. 擠好麵糊，輕拍烤盤後，以篩子撒上可可粉，放入150℃ 烤箱烤15分鐘。

巧克力甘納許

1. 將鮮奶油加入轉化糖一起煮至沸騰。

2. 切碎的苦味巧克力放入盆中，加入1，攪拌至完全均勻為止。

3. 奶油切塊放在室溫下軟化後，加入2中，以電動攪拌器混合至滑順狀態。蓋上保鮮膜，靜置在陰涼處冷卻。

最後裝飾

參考第42頁。

1. 將可可豆烘烤至散發香氣。

2. 擠上巧克力甘納許，在正中央放上一撮1，組合起來即完成。

香蕉巧克力

鮮橘色的圓餅與香濃的糖漬香蕉，
再加上鹽味巧克力特調的奶油霜，
就是這款中和了鹹與甜絕妙滋味的馬卡龍。

Chic

材　料　Matériau

（馬卡龍 50 顆）

圓餅

《參考第14頁》

使用檸檬黃色與蔓越莓色混合
的食用色素。

杏仁糖粉 ·························· 1,000g

（糖粉500g＋杏仁粉500g）

A：蛋白 ·························· 190g

　　白砂糖 ·························· 50g

　　蛋白霜粉 ·························· 3g

B：水 ·························· 150g

　　白砂糖 ·························· 500g

蛋白 ·························· 190g

＊ ＊ ＊

牛奶巧克力甘納許

鮮奶油 ·························· 470g

牛奶巧克力 ·························· 470g

（可可含量40%）

轉化糖 ·························· 95g

無鹽奶油 ·························· 160g

＊ ＊ ＊

糖漬香蕉

熟香蕉 ·························· 360g

檸檬汁 ·························· 20g

百香果泥 ·························· 35g

無鹽奶油 ·························· 10g

白砂糖 ·························· 20g

＊ ＊ ＊

鹽味巧克力

苦味巧克力 ·························· 125g

粗鹽 ·························· 1g

做　法　Une procédure

圓餅

參考第14頁。

牛奶巧克力甘納許

1. 將鮮奶油加入轉化糖一起煮
　至沸騰。

2. 切碎的牛奶巧克力放入盆
　中，加入1，攪拌完全均勻
　為止。

3. 奶油切塊放在室溫下軟化
　後，加入2中，以電動攪拌
　器混合至滑順。蓋上保鮮
　膜，靜置在陰涼處冷卻。

糖漬香蕉

1. 香蕉切成0.5cm厚的圓片，
　淋上檸檬汁。

2. 將無鹽奶油加熱溶化後，加
　入1，再加入白砂糖和百香
　果泥。

3. 將香蕉搗成泥狀後關火，稍
　微冷卻後，抹平成3~5cm的
　厚度冷凍備用。

鹽味巧克力

以50°C隔水加熱溶化苦味巧克
力，接著，放入粗鹽調溫，薄
薄地抹在塑膠膜上，在完全變
硬前切成1.5cm的塊狀。

最後裝飾

參考第42頁。

擠上牛奶巧克力甘納許，放上
糖漬香蕉與鹽味巧克力片，組
合起來即完成。

macaron
Cassis
黑醋栗

煙燻粉色的圓餅，加上奢華的黑醋栗果泥、
帶著清爽酸味的黑醋栗奶油，
嘗一口彷彿就像吃到多汁鮮甜又色彩優美的馬卡龍。

材　料　Matériau

（馬卡龍 50 顆）

圓餅

《參考第14頁》

使用蔓越莓色與藍色混合的食用色素。

杏仁糖粉……………………1,000g

（糖粉500g+杏仁粉500g）

A：	蛋白	………190g
	白砂糖	………50g
	蛋白霜粉	………3g
B：	水	………150g
	白砂糖	………500g
蛋白		………190g

※　※　※

黑醋栗奶油醬

全蛋……………………………125g

白砂糖…………………………125g

黑醋栗果泥……………………110g

無鹽奶油………………………185g

玉米粉……………………………10g

做　法　Une procédure

圓餅

參考第14頁。

黑醋栗奶油醬

1. 黑醋栗果泥放入鍋中加熱，沸騰後關火。

2. 將全蛋、白砂糖、玉米粉混合後快速攪拌，避免結塊。再加入1，加熱直到快要沸騰，出現小氣泡就關火。

3. 過濾2後，待降溫至50~55°C，再加入置於室溫軟化的切塊無鹽奶油。

4. 以打蛋器輕輕攪拌3，再以電動攪拌器混合至滑順。

5. 蓋上保鮮膜，放入冷藏約3小時。

最後裝飾

參考第42頁。

SWEETS.04

Riche

千 變 萬 化 的 馬 卡 龍

Riche在法文中是「豐富」之意，
風味、香氣、色彩、質感……
把馬卡龍當成犒賞自己的獎勵吧！
享受季節食材的樂趣，也從中獲得滿足。
本章介紹有著主廚滿滿心意的花式馬卡龍作品。

macaron
Framboise frais

覆盆子鮮果

宛如公主般華麗可人，
品嘗得到鮮豔欲滴的覆盆子果實
與酸甜的覆盆子果醬。

Riche

材　料　Matériau

（馬卡龍 12 顆）

圓餅

《參考第14、50頁》

使用覆盆子色食用色素。

杏仁糖粉	1,000g
（糖粉500g+杏仁粉500g）	
A：蛋白	190g
白砂糖	50g
蛋白霜粉	3g
B：水	150g
白砂糖	500g
蛋白	190g

❋　❋　❋

覆盆子果醬

《參考第36頁》

覆盆子果肉	250g
檸檬汁	110g
白砂糖	125g
蘋果果膠	5g
覆盆子果泥	70g

❋　❋　❋

最後裝飾

覆盆子（空心）	75g

做　法　Une procédure

圓餅

參考第14頁。

擠出直徑約6cm的麵糊，放入150°C烤箱烤20分鐘。

覆盆子果醬

參考第36頁。

1. 果醬可參考第36頁的做法。

2. 以冰水隔水冷卻。如果要放入冰箱冷卻，建議等到溫度稍降後再放入。

最後裝飾

基本做法參考第42頁。

1. 在馬卡龍圓餅底層擠上覆盆子果醬。

2. 均勻地擺上空心的覆盆子。

3. 正中央擠上份量十足的覆盆子果醬，輕輕組合起來即完成。

macaron
Fruits des bois

綜合莓果

濃郁的香氣讓開心果有「堅果女王」的稱號，
豐富風味的開心果奶油與微酸的新鮮莓果十分搭配，
可製作出配色獨特的個性馬卡龍。

Riche

材　料　　　Matériau

（馬卡龍 12 顆）

圓餅

《參考第14、52頁》
使用開心果綠色食用色素。

✳ ✳ ✳

開心果慕斯

奶油霜	200g
開心果果泥	12g
（義大利Fugar）	
開心果果泥	6g
（法國Sevarome）	
卡士達醬	65g
A： 牛奶	250g
鮮奶油	85g
B： 蛋黃	80g
白砂糖	75g
C： 玉米澱粉	15g
低筋麵粉	8g

（可做出500g的開心果慕斯）

✳ ✳ ✳

最後裝飾

藍莓或櫻桃等 ⋯⋯⋯75g

做　法　　　Une procédure

圓餅

參考第14頁。
擠出直徑約6cm的麵糊，放入150℃烤箱烤20分鐘。

卡士達醬

（只使用了完成份量的65g）

1. 將材料 A 加熱至快要沸騰後關火。
2. 將材料 C 加入事先拌勻的材料 B 中。
3. 混合2和1後加熱，請避免煮焦，並將成品過篩。
4. 在裝有冰水的盆中隔水冷卻，再放入冰箱裡冷藏。

開心果慕斯

參考第52頁的做法製作開心果奶油醬，再加入卡士達醬充分混合至滑順狀態。

最後裝飾

參考第79頁。
無論夾入任何內餡，步驟均相同。

macaron
Orange pamplemousse

柑橘葡萄柚

充滿活力、純真又鮮明亮的馬卡龍。
以多種柑橘類水果堆疊出光澤與透明感，
就像晶瑩璀璨的珠寶盒一般。

Riche

材　料　　　Matériau

（馬卡龍 12 顆）

圓餅

《參考第14、54頁》

使用蔓越莓色與藍色混合的食用色素。

杏仁糖粉 ···················· 1,000g

（糖粉500g+杏仁粉500g）

A：蛋白 ··························· 190g

　　白砂糖 ························· 50g

　　蛋白霜粉 ······················3g

B：水 ······························· 150g

　　白砂糖 ······················· 500g

蛋白 ································ 190g

❋　❋　❋

檸檬奶油醬

第32頁的檸檬奶油醬 ········ 200g

❋　❋　❋

最後裝飾

橘子和葡萄柚果肉 ··········· 適量

（紅色、白色）

做　法　　　Une procédure

圓餅

參考第14頁。

1. 將材料 A 充分混合，製成蛋白霜。

2. 煮沸材料 B 製成糖漿，小心避免煮焦。將 A 與 B 混合就是義大利蛋白霜。

3. 將杏仁糖粉、2、蛋白混合均勻。

4. 擠出直徑約6cm的麵糊，放入150℃烤箱烤20分鐘。

檸檬奶油醬

參考第32頁。

最後裝飾

基本做法參考第42頁。

1. 在馬卡龍圓餅底層擠上檸檬奶油醬。

2. 去皮的橘子和葡萄柚果肉斜切成一小片，依著圓餅的邊緣一層層疊上。

3. 正中央擠上的檸檬奶油醬，輕輕組合起來即完成。

macaron
Raisin from

葡萄乳酪

上下層不同顏色的馬卡龍圓餅，就像一位有著獨特品味的高貴女士。
巨峰葡萄果肉搭配葡萄酒果凍的水嫩口感，
加上濃郁的起司，讓口中充滿不同層次的味覺。

Riche

材　料　　Matériau
（馬卡龍 12 顆份）

圓餅

《參考第14頁》
上層圓餅使用蔓越莓色食用色素，底層圓餅不加色素。

＊＊＊

奶油乳酪醬

A： 奶油乳酪 ················· 150g

　　白砂糖 ··················· 30g

　　酸奶油 ··················· 15g

鮮奶油 ····················· 150g

＊＊＊

紅酒果凍

水 ························· 150g

紅葡萄酒 ··················· 175g

白砂糖 ······················ 45g

蒟蒻果凍粉（Pearl Agar）····5g

＊＊＊

最後裝飾

巨峰葡萄 ··················· 適量

做　法　　Une procédure

圓餅

參考第14頁。

圓餅麵糊做好後，分成2份，一半加入蔓越莓色食用色素，另一半不加。擠出直徑約6cm的麵糊，放入150°C烤箱烤20分鐘。

奶油乳酪

1. 將材料 **A** 充分混合均勻，避免結塊。

2. 鮮奶油少量多次加入1，混合均勻。

3. 將2充分打發後，蓋上保鮮膜，放入冰箱冷藏。

紅酒果凍

1. 事先混合白砂糖與蒟蒻果凍粉備用。

2. 將水和紅葡萄酒加熱至80~85°C。

3. 把2加入1中，充分溶解後，過篩放入密封容器，維持薄薄的厚度，冷藏待其凝固。

最後裝飾

1. 馬卡龍圓餅底層抹上奶油乳酪醬，擺上巨峰葡萄，正中央擠上奶油乳酪醬。

2. 挖1小塊果凍擺在1的奶油乳酪醬上，組合起來即完成。

macaron
Chocolat caramel

焦糖巧克力

有如森林果實般穩重優雅，
堅果、焦糖與巧克力的微苦香甜，
輕輕交疊在葉片般的馬卡龍上。

Riche

材　料　Matériau
（馬卡龍 12 顆份）

圓餅

《參考第14頁》
使用巧克力色食用色素。

＊＊＊

焦糖醬

A：麥芽糖⋯⋯⋯⋯⋯⋯30g
　　白砂糖⋯⋯⋯⋯⋯165g
無鹽奶油⋯⋯⋯⋯⋯⋯90g
鮮奶油⋯⋯⋯⋯⋯⋯165g
吉利丁片⋯⋯⋯⋯⋯⋯1片
鹽⋯⋯⋯⋯⋯⋯⋯⋯1撮

＊＊＊

打發的甘納許

A：鮮奶油⋯⋯⋯⋯⋯175g
　　麥芽糖⋯⋯⋯⋯⋯20g
　　轉化糖⋯⋯⋯⋯⋯20g
　　苦味巧克力⋯⋯⋯150g
　　（可可含量70%）
B：鮮奶油⋯⋯⋯⋯⋯330g

＊＊＊

最後裝飾

堅果⋯⋯⋯⋯⋯⋯⋯適量
巧克力屑⋯⋯⋯⋯⋯適量

做　法　Une procédure

圓餅

參考第14頁。
擠出直徑約6cm的麵糊，放入
150℃烤箱烤20分鐘。

焦糖醬

1. 將吉利丁片浸泡在冰水內約
   10分鐘。鮮奶油加熱至快要
   沸騰。

2. 材料 A 放入鍋中，加熱至適
   當濃度，再加入無鹽奶油。

3. 混合均勻後，以少量多次加
   入鮮奶油，充分混合後關火
   並過篩。加入鹽，待冷卻至
   60℃ 時加入1。

打發的甘納許

1. 巧克力切碎，放入盆中。

2. 將材料 A 放入鍋中煮至沸
   騰，加入1中，用打蛋器攪
   拌均勻。

3. 待冷卻後加入材料 B，
   攪拌均勻，放入冰箱冷藏
   8~10小時。

最後裝飾

1. 使用星形花嘴將打發的甘納
   許擠在馬卡龍圓餅上，圓餅
   中央再淋上溫熱的焦糖醬。

2. 將烘烤過的堅果均勻撒在1
   的四周。擺好上層圓餅後，
   削一些巧克力屑當作裝飾。

CHOCOLAT CARAMEL

La vie avec Macaron

馬卡龍盛裝登場

無論何時，總是盛裝登場的馬卡龍，

惹人喜愛、時髦又華麗。

除了用來當作禮物饋贈親友，

還能拉近彼此間的距離。

不分東洋或西洋，都十分受歡迎，

就讓馬卡龍隨時隨地與你分享每個生活中的小確幸。

macaron

Framboise

純蜜的口感適合當作簡單的小禮物

烤馬卡龍薄片

不另外抹上奶油，
直接享用酥脆的蛋白霜圓餅。
樸實沈穩的顏色，就是很有大人味的的送禮小心意。

材　料　Matériau

（馬卡龍 100 顆）

圓餅

《參考第14頁》
可依照個人喜好選用食用色素。

***

最後裝飾

含鹽奶油……………………適量
白砂糖……………………適量

NOTE　Remarque

可以利用多餘的馬卡龍麵糊來
製作。

包裝時，使用透明的塑膠杯盛
裝馬卡龍，蓋上喜歡的餐巾
紙，以橡皮筋固定，再將餐
巾紙的四邊像束口袋一樣往上
反折，繫上緞帶或繩結就完成
了。也可以用玻璃紙、有圖樣
的烘焙紙、不織布等代替餐巾
紙來裝飾。

做　法　Une procédure

圓餅

1. 將材料充分混合均勻，製成
   義大利蛋白霜。麵糊均分成
   數份，分別加入不同的食用
   色素。
2. 將擠花袋的開口反折握好，
   以刮板撈起麵糊填入。動作
   要快，以免麵糊變太軟。
3. 填麵糊時，要將麵糊推到底
   部，避免空氣進入。先將紙
   型鋪在烤盤上，再將麵糊擠
   在紙型上。
4. 擠出的麵糊要比紙型上的圓
   小一圈。擠完後，花嘴稍微
   向上繞一下收尾。
5. 捧起烤盤，輕拍盤底兩三
   下，去除麵糊多餘的空氣。
6. 靜置約30分鐘，待麵糊乾
   燥。確認麵糊不會沾附手
   指之後，放入150℃的烤箱
   烤15分鐘。

最後裝飾

1. 依時間烤好後，靜置冷卻。
2. 在圓餅內側薄薄塗上一層含
   鹽奶油，撒上白砂糖。
3. 放入100℃的烤箱烤90~95
   分鐘。

不是只有圓形的
馬卡龍棒

像餅乾棒外型的馬卡龍，再裹上巧克力，
則更有質感。綁成一小束的有趣模樣，
就像森林裡的小樹枝一般。

材　料　　Matériau

（馬卡龍 70 根份）

餅身

《參考第14頁》
使用巧克力色食用色素，白色
餅身則不使用色素。

＊ ＊ ＊

最後裝飾

依照個人喜好準備適量的巧克
力、白巧克力、堅果、金箔
粉、椰子粉等。

NOTE　　Remarque

外層裹上的巧克力使用與餅身
相同的色系，會讓成品更顯高
雅。

以時髦的烘焙紙包裝餅乾，就
是隨性的小禮物。

也可以把數根餅乾包在一起，
讓收到的人驚喜連連。

做　法　　Une procédure

餅身

參考第14頁。

1. 材料充分混合均勻，製成義
   大利蛋白霜。麵糊均分成數
   份，分別加入喜歡的食用色
   素。

2. 將擠花袋的開口反折握好，
   以刮板撈起麵糊填入。動作
   要快，以免麵糊變太軟。

3. 填麵糊時，要把麵糊推到底
   部，避免空氣進入。烤盤鋪
   上畫有寬2.5cm、長10cm直
   線的紙型，擠上麵糊。

4. 擠出的麵糊必須比紙型上
   的直線小一點。擠完後，花
   嘴稍微向上繞一下收尾。

5. 捧起烤盤，輕拍盤底兩三
   下，去除麵糊多餘的空氣。

6. 靜置約30分鐘，待麵糊乾
   燥。確認麵糊不會沾附手
   指之後，放入150ºC的烤箱
   烤20分鐘。

最後裝飾

1. 將巧克力切碎，以隔水加熱
   的方式溶化。

2. 將餅身的一半浸入1中，裹
   上巧克力醬，擺在烤盤上等
   待凝固。

3. 趁巧克力尚未完全凝固，可
   撒上喜歡的食材裝飾。

經典馬卡龍的小巧思
巧克力裝飾馬卡龍

帶有百香果風味的牛奶甘納許馬卡龍，
加上特別的小設計，讓它更顯華麗。
本單元介紹兩種巧克力裝飾。

La vie

材　料　Matériau

（馬卡龍 50 顆）

圓餅

《參考第14、70頁》

使用巧克力色食用色素。

可可磚······················150g

****

百香果甘納許

百香果果泥··················300g

轉化糖·······················55g

牛奶巧克力··················720g

（可可含量40%）

無鹽奶油····················140g

****

百香芒果果醬

A：芒果果泥················180g

　　百香果果泥···············70g

　　檸檬果泥·················10g

白砂糖······················125g

蘋果果膠·····················4g

B：芒果果泥·················34g

　　百香果果泥···············34g

****

最後裝飾

無花果乾····················250g

金箔粉·······················適量

巧克力片····················25片

（3.5cm正方、厚0.1cm）

跳跳糖·······················適量

NOTE　Remarque

可選擇用有厚度的相框當作包裝材料。相框夾入喜歡的紙張，將馬卡龍擺在相框中央，四邊以透明玻璃紙包裹，再加上緞帶裝飾。

做　法　Une procédure

圓餅

參考第14、70頁。

百香果甘納許

參考第28頁，將鮮奶油換成百香果果泥。

百香芒果果醬

1. 將材料 **A** 的果泥放入鍋中，加熱至50ºC。
2. 將事先混合好的白砂糖與蘋果果膠加入1中，煮至沸騰。

3. 關火後，加入材料 **B** 的果泥，輕輕攪拌，放進裝有冰水的盆中隔水冷卻。

最後裝飾

參考第42頁。

擺上無花果乾，組合起來即完成。

〔巧克力片造型〕

將馬卡龍浸入巧克力醬，再擺上一片撒了金箔粉的巧克力片。

〔巧克力跳跳糖造型〕

上層馬卡龍圓餅浸入巧克力醬中，趁凝固前，再撒上裹了巧克力的跳跳糖。

妝點婚禮
馬卡龍塔

利用粉彩色系的幸福馬卡龍塔，
將婚宴餐桌裝飾得更出色，
簡約典雅的配色，是用來祝福新人步入人生新旅程的最佳詮釋。

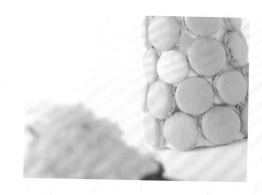

材　料　Matériau

圓餅

《參考第14頁》
使用蔓越莓色與草莓色混合的
食用色素，
白色圓餅不使用色素。

＊＊＊

黏貼用糖霜

糖粉	250g
蛋白	50g
紅酒醋	10g

NOTE　Remarque

馬卡龍塔是用馬卡龍取代
小泡芙，將法國傳統的圓
錐形結婚蛋糕「泡芙塔
（Croquembouche）」重新演
繹。

這個蛋糕除了有百子千孫的意
思，也代表著每位參與婚禮者
祝福的心情。將塔改成樹的樣
子，也可以當作聖誕樹。

做　法　Une procédure

圓餅

參考第14頁。

1. 材料充分混合均勻，製成義
   大利蛋白霜。

2. 將擠花袋的開口反折握好，
   以刮板撈起麵糊填入。動作
   要快，以免麵糊變太軟。

3. 填麵糊時，要把麵糊推到底
   部，避免空氣進入。紙型鋪
   在烤盤上，擠上麵糊。

4. 擠出的麵糊必須比紙型上的
   圓小一圈。擠完後，花嘴稍
   微向上繞一下收尾。

5. 捧起烤盤，輕拍盤底兩三
   下，去除麵糊多餘的空氣。

6. 靜置約15分鐘，待麵糊乾
   燥。確認麵糊不會沾附手
   指之後，放入150℃的烤箱
   烤15分鐘。

黏貼用糖霜

將材料充分混合後打發。

最後裝飾

1. 準備一個圓錐形的保麗龍底
   座，以抹刀抹上薄薄一層的
   糖霜。

2. 在剛烤好的馬卡龍圓餅內側
   擠上糖霜，黏貼在1上，不
   留縫隙。

3. 最後，用糖霜將兩片圓餅黏
   在一起，裝飾在頂端。

macarons pour
Saint-Valentin

情人節就是要可愛！
心型馬卡龍

總是令人滿心期待著的情人節，
就讓甜蜜可愛的心型馬卡龍，
代為傳達著躍動不已的少女情懷吧！

材　料　Matériau

（馬卡龍 12 顆）

餅身

《參考第14頁》
使用蔓越莓色與草莓色混合、
巧克力色的食用色素。

＊＊＊

奶油醬

〔褐色馬卡龍專用〕
《參考第28頁》

＊＊＊

〔粉紅色馬卡龍專用〕

奶油霜	200g
覆盆子果泥	10g
黑醋栗果泥	10g
黑櫻桃果泥	10g
卡士達醬	15g

＊＊＊

最後裝飾

莓果類⋯⋯⋯⋯⋯⋯⋯適量

NOTE　Remarque

將麵糊擠成粗粗的V字型，放
進烤箱烘烤，膨脹後就成了心
型馬卡龍。

做　法　Une procédure

餅身

參考第14頁。

1. 將麵糊擠在心型的紙型上，
底層的餅身必須擠得比紙型
略小，上層的餅身只擠出輪
廓線。兩者的烘焙時間不
同，因此，要分別擺在不同
烤盤上。

2. 麵糊靜置約30分鐘。待乾燥
後，放入150℃的烤箱，上
層餅身烤15分鐘，底層餅身
烤20分鐘。

奶油醬

〔褐色馬卡龍專用〕
參考第28頁。

〔粉紅色馬卡龍專用〕

1. 事先同時解凍三種果泥。

2. 將卡士達醬加入打發的奶油
霜中，充分混合。

3. 把1加入2，以打蛋器混合均
勻。由於果泥含水分不易混
合，請確實打發。

4. 蓋上保鮮膜，靜置在陰涼處
冷卻。

最後裝飾

1. 烤好的餅身按照顏色分開，
兩片一組。接下來的步驟，
不分顏色，做法均相同。

2. 沿著底層餅身的輪廓線擠上
奶油醬。擠奶油醬時最好稍
微偏內側擠，不要溢出去。

3. 將上層的餅身輕輕放在2
上。

4. 在上層餅身中間的心型凹
洞內擠入奶油醬，再放上
莓果裝飾。

3月3日桃之節句
女兒節馬卡龍

在日本，每年3月3日的女兒節是用來祝賀女兒健康成長的日子。
本書改變方式，利用菱餅*色調的馬卡龍來慶祝，將馬卡龍融入日本文化中。

＊編註｜菱餅是日本慶祝女兒節用的日式點心，多為紅、白、綠三色。

材　料　Matériau

（馬卡龍 50 顆）

圓餅

《參考第14頁》
使用草莓色、開心果綠色的食
用色素。

＊＊＊

櫻花奶油乳酪醬

A：奶油乳酪 ······················ 150g

　　白砂糖 ·························· 30g

酸奶油 ······························· 15g

櫻花醬* ······························· 5g

NOTE　Remarque

以三種主要的色彩妝點女兒
節，紅色（桃紅色）代表桃花
可除魔，白色代表白雪表示長
壽，綠色則是代表新芽象徵健
康。

*編註｜以櫻花果泥製成的果醬，烘焙材料行
　　　或日系超市皆可購得。

做　法　Une procédure

圓餅

參考第14頁。

1. 麵糊分成兩分，一半加入草
   莓色食用色素，另一半加入
   開心果綠色食用色素。
2. 烤盤鋪上紙型，麵糊填入擠
   花袋中，擠在紙型上。
3. 擠出的麵糊必須比紙型上的
   圓小一圈。擠完後，花嘴稍
   微向上繞一下收尾。
4. 捧起烤盤，輕拍盤底兩三
   下，去除麵糊多餘的空氣。
5. 靜置約30分鐘，待麵糊乾
   燥。確認麵糊不會沾附手指
   之後，放入150°C的烤箱烤
   15分鐘。

櫻花奶油乳酪醬

1. 將材料 A 混合均勻。
2. 酸奶油以少量多次加入1
   中，用橡皮刮刀攪拌至滑順
   狀態。

3. 櫻花醬加入2中，以橡皮刮
   刀攪拌後，用果汁機（或食
   物調理機）攪拌至滑順狀
   態，即可蓋上保鮮膜，放入
   冰箱冷藏。

最後裝飾

1. 將烤好的圓餅，以一片粉紅
   色與一片黃綠色分成一組。
   上層是粉紅色，底層則是黃
   綠色。
2. 在底層的黃綠色圓餅擠上櫻
   花奶油乳酪醬。
3. 上層的粉紅色圓餅內側以
   拇指輕輕壓凹，輕輕擺在2
   上，讓櫻花奶油乳酪醬從四
   周看都很平均。

炫麗的室內裝飾
色彩繽紛馬卡龍

光看就讓人精神百倍的維他命色調，
這些小巧可愛馬卡龍，
不僅可以品嘗，更是很有特色的室內裝飾品。

材　料　Matériau

（馬卡龍 100 顆）

餅身

《參考第14頁》

使用草莓紅色與檸檬黃色混合、檸檬黃色、開心果綠色的食用色素。

杏仁糖粉·····················1,000g

（糖粉500g+杏仁粉500g）

A：蛋白·························190g

　　白砂糖························50g

　　蛋白霜粉·······················3g

B：水···························150g

　　白砂糖·······················500g

蛋白······························190g

NOTE　Remarque

馬卡龍放在通風良好的房間裡，可以保存三個禮拜，當作房間的裝飾品。但如果要食用的話，建議最好盡早享用。

做　法　Une procédure

圓餅

參考第14頁。

1. 麵糊分成四等分，分別加入不同的食用色素粉。若不想上色，也可以省略。
2. 將擠花袋的開口反折握好，以刮板撈起麵糊填入。動作要快，以免麵糊變太軟。
3. 填麵糊時，要把麵糊推到底部，避免空氣進入。紙型鋪在烤盤上，麵糊擠在紙型上。花嘴的尺寸與一般馬卡龍相同即可，不過也可以選擇直徑比一般馬卡龍（4.5cm）小的3cm。
4. 擠出的麵糊必須比紙型上的圓小一圈。擠完後，花嘴稍微向上繞一下收尾。
5. 捧起烤盤，輕拍盤底兩三下，去除麵糊多餘的空氣。
6. 靜置約30分鐘，待麵糊乾燥。確認麵糊不會沾附手指之後，放入150⁰C的烤箱烤15分鐘。接著，再以100⁰C慢烤2小時。

macarons pour
Intérieur

與時尚簡約的室內裝潢相互輝映

黑白色調馬卡龍

面積雖小，黑與白的對比卻很搶眼。
降低甜度，做成清爽的風格，
在房間的一隅營造大人世界的氛圍。

材 料　　　　　Matériau

（馬卡龍 50 顆）

圓餅

《參考第14頁》

使用巧克力色食用色素。白色
圓餅不使用色素。

＊ ＊ ＊

巧克力奶油醬

A：鮮奶油⋯⋯⋯⋯⋯⋯⋯500g

　　轉化糖⋯⋯⋯⋯⋯⋯⋯50g

B：苦味巧克力⋯⋯⋯⋯⋯300g

　　可可磚⋯⋯⋯⋯⋯⋯100g

無鹽奶油⋯⋯⋯⋯⋯⋯⋯130g

＊ ＊ ＊

黑色的圓餅，除了可以加入巧
克力色食用色素，也可使用竹
炭粉。

NOTE　　　　　Remarque

不使用繽紛色彩，改以黑白色
調呈現，讓人聯想起黑白棋的
中性風格馬卡龍。

做 法　　　　　Une procédure

圓餅

參考第14頁。

1. 麵糊分成兩分，一半加入巧
克力色食用色素，另一半不
加。

2. 將擠花袋的開口反折握好，
以刮板撈起麵糊填入。動作
要快，以免麵糊變太軟。

3. 填麵糊時，要把麵糊推到底
部，避免空氣進入。紙型鋪
在烤盤上，將麵糊擠在紙型
上。

4. 擠出的麵糊必須比紙型上的
圓小一圈。擠完後，花嘴稍
微向上繞一下收尾。

5. 捧起烤盤，輕拍盤底兩三
下，去除麵糊多餘的空氣。

6. 靜置約30分鐘，待麵糊乾
燥。確認麵糊不會沾附手
指之後，放入150°C的烤箱
烤15分鐘。

巧克力奶油醬

1. 將材料 A 煮至沸騰。

2. 切碎材料 B 放入盆中與 1 混
合。

3. 將 2 加熱至40°C後，加入奶
油，以電動攪拌器混合至滑
順狀態。

最後裝飾

1. 將烤好的圓餅分組，一片黑
色與一片白色一組，任何顏
色在上或在下皆可。

2. 在底層的圓餅塗上奶油，並
注意不要溢出來。

3. 上層的圓餅輕輕放在 2 上貼
緊即完成。

macarons pour
Apéritif

跳脫經典印象的小點心
趣味馬卡龍

加上水果沙拉或培根，
甜味之中帶有鹹味，外觀造型也很別緻。
用香檳搭配料理，享受這片刻閒暇時光！

材　料　Matériau

（直徑 6cm 的馬卡龍圓餅 24 片）

餅身

《參考第14頁》
使用檸檬黃色食用色素。

* * *

擺盤食材

檸檬奶油醬、紅甜椒、黃色小
蕃茄、酪梨、玉米筍、橘子果
肉、葡萄柚果肉。

覆盆子⋯⋯⋯⋯⋯⋯⋯⋯⋯數顆
粗鹽⋯⋯⋯⋯⋯⋯⋯⋯⋯⋯少許

* * *

橘子果凍

A：寒天粉⋯⋯⋯⋯⋯⋯⋯⋯5g

　　白砂糖⋯⋯⋯⋯⋯⋯⋯50g

B：柳橙汁⋯⋯⋯⋯⋯⋯⋯160g

　　百香果果泥⋯⋯⋯⋯⋯20g

水 ⋯⋯⋯⋯⋯⋯⋯⋯⋯⋯180g

* * *

覆盆子醬汁

覆盆子果泥⋯⋯⋯⋯⋯⋯100g
白砂糖⋯⋯⋯⋯⋯⋯⋯⋯⋯15g
檸檬汁⋯⋯⋯⋯⋯⋯⋯⋯⋯5g

* * *

這道馬卡龍有水果沙拉的感
覺，利用橘子果肉和粗鹽平衡
甜味，使甜味不會太突顯。也
可依個人喜好，加入生火腿或
燻牛肉來品嘗。

做　法　Une procédure

圓餅

參考第14頁。
擠出直徑6cm的麵糊，放入
150℃的烤箱烤20分鐘。

檸檬奶油醬

參考32頁。

橘子果凍

1. 將水加熱到快要沸騰的
　80~90℃，加入事先混合好
　的材料 A。

2. 立刻關火，加入材料 B，用
　打蛋器混合均勻。

3. 將2的材料過篩後，放入烤
　盤或密閉容器裡，冷藏待其
　凝固。

覆盆子醬汁

解凍覆盆子果泥，加入白砂糖
和檸檬汁混合均勻。

最後裝飾

1. 蔬菜切薄片，小番茄切半，
　橘子、葡萄柚去皮，酪梨切
　小塊後淋上檸檬汁。

2. 將1均勻地放在圓餅上，加
　上覆盆子。四周撒上切成條
　狀的橘子果凍。

3. 淋上常溫的檸檬奶油醬和橄
　欖油，滴上少許覆盆子醬汁
　點綴。

4. 為了平衡味道，可撒上少
　許粗鹽調味。

萬聖節派對的主角
南瓜馬卡龍

將馬卡龍做成大家熟悉的傑克南瓜燈，
正好用來點綴萬聖節派對，
滿足想要惡作劇的小小慾望。

材　料　Matériau

（馬卡龍 12 顆）

圓餅

《參考第14頁》
使用檸檬黃色與蔓越莓色混合
的食用色素。

＊＊＊

南瓜布丁

A：全蛋 ……………………50g

　　白砂糖 ………………17.5g

B：南瓜泥 …………………50g

　　香草精 …………………1g

牛奶 …………………………50g

吉利丁片 …………………0.8g

＊＊＊

奶油醬（5~6 顆份）

奶油霜 ……………………150g

卡士達醬 …………………125g

焦糖醬 ……………………65g

　麥芽糖 …………………10g

　白砂糖 …………………50g

　無鹽奶油 ………………10g

　鮮奶油 …………………50g

　吉利丁片 ………………2g

　鹽 ………………………1g

＊＊＊

最後裝飾

橘子果實（一瓣均分成3片，
準備4~5片）、可可粉、脆餅

做　法　Une procédure

圓餅

參考第73頁。
將麵糊擠成直徑6cm的圓形，
放150°C烤箱烤20分鐘。

南瓜布丁

1. 將吉利丁片放入冰水中泡
軟。

2. 將材料 A 放進盆中混合，加
入快要沸騰的熱牛奶。

3. 吉利丁片放入2，加入材料
B 混合均勻。

4. 將3過篩後倒入烤盤中，隔
水加熱。

焦糖醬

1. 吉利丁片放入冰水中泡軟。

2. 白砂糖放入鍋中。

3. 以小火加熱至變成焦褐色，
放入奶油後關火。

4. 鮮奶油煮沸後加入2中，再
放入1，用橡皮刮刀拌勻。
加入鹽攪拌，靜置冷卻。

奶油醬

1. 打發奶油霜。

2. 將卡士達醬與焦糖醬加入1
後，充分拌勻。

最後裝飾

1. 將一小圈的布丁擺在底層圓
餅上，放上2~3片橘子，並
組合起來。

2. 在1的四周塗上一圈奶油
醬，鋪上脆餅脆片。

3. 正面擺上事先挖出眼睛、鼻
子、嘴巴位置的紙型，撒上
可可粉加上表情。

閃閃發光的美味聖誕樹

馬卡龍掛飾

馬卡龍變成點綴聖誕樹的節慶飾品，
像薑餅人一樣裝飾在樹上，
讓聖誕氣氛變得更加浪漫。

La vie

材　料　　　Matériau
（馬卡龍 50 顆）

圓餅

《參考第14頁》
使用蔓越莓色、開心果綠色的
食用色素。白色圓餅不使用色
素。

＊＊＊

糖霜

蛋白	250g
糖粉	50g
紅酒醋	10g

做　法　　　Une procédure

圓餅

參考第14頁。將麵糊分成三
份。其中兩份分別加入食用色
素，另外一份不加色素。三份
麵糊分別攪拌均勻後，放入
150℃烤箱烤15分鐘。

糖霜

1. 糖粉放入盆中。
2. 將蛋白以少量多次加入1。
3. 在2中加入紅酒醋，所有材
   料攪拌均勻後打發。也可用
   醋代替紅酒醋。

最後裝飾

1. 烤好的圓餅按照顏色兩片一
   組。有些馬卡龍的上下片圓
   餅也可選擇不同顏色。
2. 在底層的圓餅擠上糖霜。
3. 以拇指輕輕壓凹上層圓餅的
   內側後，輕輕放在2上，要
   讓糖霜從四周看都很平均。

NOTE　　　Remarque

等奶油乾燥後，再將馬卡龍裝
進透明包袋裡。加上閃亮的裝
飾品能夠更加提昇華麗的感
覺，也可當作送給客人的聖誕
派對小禮物。

人人都會做馬卡龍。

Chacun peut faire des macarons.

Dictionnaire de Macaron

馬卡龍辭典

本章彙整了製作馬卡龍的所有資訊，
包括必備的工具與材料、
成功的祕訣、實用知識、
專有名詞解說等。

製作馬卡龍的工具

本單元介紹製作馬卡龍時必備的工具。
手邊有了它們，製作起來會更順利！

橡皮刮刀

攪拌材料時使用，能夠乾淨刮
下殘留在盆中的麵糊，也可用
來擠壓過篩的材料。

刮板

混合、揉捏、抹平、壓拌麵糊時使
用，也稱為刮刀或抹刀。

擠花袋

擠出奶油、麵糊、果醬時使
用的工具，使用時，必須從
尖端剪下一小段。擠麵糊時
要裝上花嘴，擠果醬時則不
使用花嘴，只需將尖端的切
口剪小一點。

打蛋器

混合、打發材料時使用，製
作蛋白霜時，如果有電動攪
拌器會更方便，也可選擇下
圖的桌上型攪拌器。

花嘴

配合擠花袋使用，分為
星型和圖中的圓型。擠
馬卡龍麵糊時使用的是
11-12號圓形花嘴。

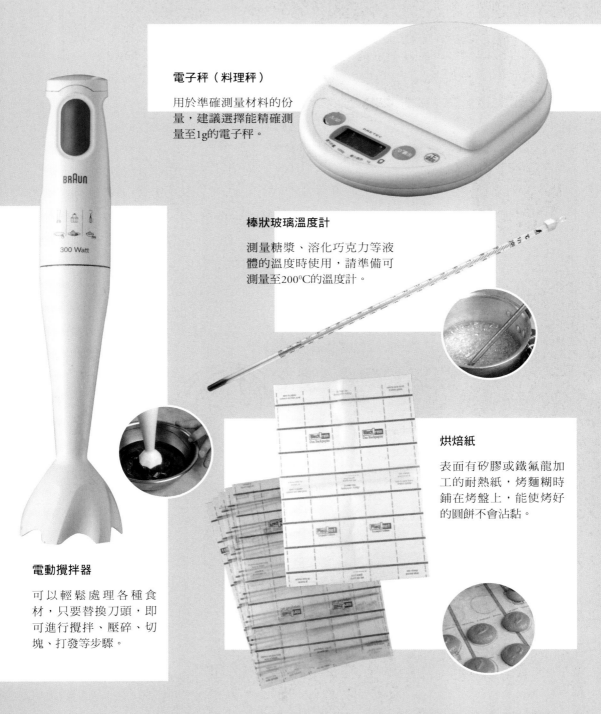

電子秤（料理秤）

用於準確測量材料的份量，建議選擇能精確測量至1g的電子秤。

棒狀玻璃溫度計

測量糖漿、溶化巧克力等液體的溫度時使用，請準備可測量至200°C的溫度計。

烘焙紙

表面有矽膠或鐵氟龍加工的耐熱紙，烤麵糊時鋪在烤盤上，能使烤好的圓餅不會沾黏。

電動攪拌器

可以輕鬆處理各種食材，只要替換刀頭，即可進行攪拌、壓碎、切塊、打發等步驟。

製作馬卡龍的材料

本單元介紹製作時的基本材料。搭配不同組合，可製作出各式各樣的馬卡龍。

⬤：製作圓餅的材料　🔺：製作奶油醬的材料

蛋黃、蛋白

蛋白是製作蛋白霜時使用，蛋黃則用來製作奶油醬。通常 L size的全蛋約為55g。

⬤ 圓餅
🔺 奶油醬

蛋白霜粉

蛋白乾燥後製成的粉末，製作蛋白霜時加入蛋白中，可讓蛋白霜更穩定。

⬤ 圓餅
🔺 奶油醬

糖粉

粒子細小的純糖粉，與杏仁粉以1：1的比例混合，即為杏仁糖粉。

⬤ 圓餅

杏仁粉

杏仁壓碎而成的粉末，也是製作馬卡龍圓餅時不可或缺的材料。

⬤ 圓餅
🔺 奶油醬

食用色素

可用來替圓餅上色，有些是天然食物成份，有些則是食品添加物。

⬤ 圓餅

可可粉

製作巧克力口味馬卡龍時，做為食用色素使用。亦可撒在圓餅表面裝飾，建議選擇不含牛奶的「純可可粉」。

⬤ 圓餅
🔺 奶油醬

白砂糖

比一般砂糖更清爽，且較容易溶解。

牛奶、鮮奶油

製作各種奶油醬時使用。市面上還有調整過成份的加工乳，但本書使用的是成份無調整的牛奶與液態鮮奶油。

🥄 奶油醬

水果果泥

磨成半液體狀的果泥，可用於製作果醬。

🥄 奶油醬

玉米粉

玉米粉在冷卻後仍能夠保持黏性，因此適合用於增加黏稠度，或製作冰涼的食物時使用。

🥄 奶油醬

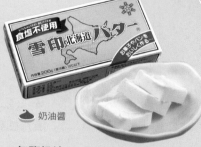

🥄 奶油醬

無鹽奶油

不含鹽的奶油，製作味道需要微調的甜點時，可使用無鹽奶油。

🥄 奶油醬

巧克力

市售的巧克力塊均加入牛奶或砂糖來調味，建議選購製作甜點專用的巧克力。

檸檬汁、檸檬

可將檸檬現榨成檸檬汁，或使用市售現成的檸檬汁。

🥄 奶油醬

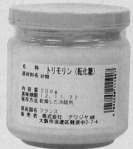

轉化糖　🥄 奶油醬

甜味劑的一種，因為具有吸濕性，可保持甜點溼潤，也能夠避免砂糖結晶。

Q1 烤好的圓餅裂開了。

A 麵糊放入烤箱之前必須靜置乾燥，若沒有充分乾燥就放進烤箱烘烤，就會出現裂痕。

不曉得如何調整溫度嗎？烤箱火力過強，圓餅也會出現裂痕。電烤箱與瓦斯烤箱的預熱時間、烘烤時間皆有差異，多試幾次，找出自己家中烤箱最佳的烘烤時間吧！

Q2 烤好的成品變得太乾。

A 可能是「壓拌麵糊」不夠徹底，麵糊沒有混合均勻，烤好的成品表面多半會變得粗糙乾硬。此外，也可以先將蛋白在冰箱裡放 2-3 天，降低蛋白本身黏性再使用，就能夠烤出漂亮的圓餅。

常見的馬卡龍 Q&A

馬卡龍出爐後，是否對於成品不滿意呢？找出真正的原因再調整，下次一定會更好。

Q3 沒有烤兩次,會不會失敗?

A 馬卡龍製作時需要烤兩次,是因為一開始必須先用高溫烤出「蕾絲裙」,接著再以低溫烤,可避免馬卡龍表面出現焦褐色,也是為了讓圓餅中心熟透。

但是,一般家庭通常只有一台烤箱,烤兩次就變得很麻煩;調整至恰好的溫度也很困難,很可能烤出不熟的馬卡龍。本書的做法是以 150°C 烤 15 分鐘,有足夠的火力製作出蕾絲裙,也能夠讓圓餅中心熟透,只要烤一次即可。

Q4 一咬下去發現圓餅很空洞。

A 也許是烘烤不夠,擔心馬卡龍表面出現焦褐色,因此使用較弱火力烘烤,造成圓餅中心沒有烤熟。由於圓餅中心水分較多,因為重量的關係,會使中心麵糊往下流動,於是出現空洞。請先瞭解自家烤箱的特性,調整出最適合的溫度吧!

Q5 做不出蕾絲裙的效果。

A 馬卡龍出現蕾絲裙是因為圓餅遇熱膨脹時,空氣沒有地方排出而形成。當蛋白霜打發不完全時,麵糊中的氣泡仍然很大,空氣遇熱就會往那邊移動,因此不會出現蕾絲裙。最重要的是蛋白霜必須充分打發,壓拌麵糊時,也要確實縮小麵糊裡的氣泡。

Q6 烤好後，圓餅表面出現油漬。

A 烘烤時，圓餅溫度變得過高的話，杏仁糖粉的油脂會滲出至圓餅表面，因而產生油漬。另外，如果過度壓拌麵糊，造成完全沒有氣泡，也會使熱度無法傳遞而烤出不熟、表面有油漬的圓餅。

Q7 夾入果醬後，圓餅變得濕軟。

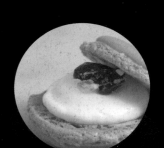

A 與圓餅的接觸面，最好不要夾入水分較多的食材。如果要夾的話，必須將果醬煮乾一點，去除水分。用水果來裝飾時要確實去除水分。

Q8 使用食用色素感覺不太健康。

A 繽紛的顏色也是馬卡龍的魅力之一，為了烤出漂亮的顏色，麵糊的色素粉必須使用較深的顏色，但是只需少許份量，就能夠充分上色，注意別加太多。食用色素中也有萃取自天然食材的產品，如：南瓜粉、抹茶粉、番茄粉等，可以考慮使用這類天然色素。

Q9 完成後最佳的品嘗時機？

A 馬卡龍做好後，冷藏1~2天，讓圓餅和奶油醬
充分融合之後，會變得更好吃，不過這也是依
個人喜好而定。

Q10 奶油與果醬的保存方法。

A 做好後以保鮮膜封住，避免空氣進入，再放入
冰箱。冷藏約可放一週，冷凍的話可保存三週
左右。冷凍時，建議以小保鮮袋分裝，要吃的
時候讓它自然解凍。

Q11 要如何利用剩下的蛋黃？

A 只要記住卡士達醬的做法（參考第81頁），
就能夠廣泛應用在可麗餅、奶油麵包等。也
可以將蛋黃、白砂糖、牛奶與鮮奶油攪拌均
勻後，用蒸的方式，就能做出布丁（淋在布
丁上的焦糖醬可參考第39頁）。

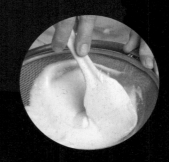

菅又流的馬卡龍 STYLE UP

採訪◉磯山由佳

「除了造型可愛,更重要的是真正美味的馬卡龍!」堅持完美的菅又主廚這樣說著,本單元將請他分享提昇馬卡龍風格的祕技。

一心一意希望做出「滿意的馬卡龍」,而不斷地磨練技術與內涵,期待發揮最大能力,這樣的「職人精神」,我們一起聽菅又先生娓娓道來。

訪談內容

「關於食材」

—製作馬卡龍時,最重要的是什麼?

菅又:除了品嘗時的口感外,我經常思考如何應用各種食材。舉例來說,如果要活用檸檬香氣,不是只有酸味,還要帶著些許苦味,因此,會在馬卡龍中加入檸檬皮屑來加深風味。

也因此,我不太強調馬卡龍的裝飾造型,我想專注於每一種馬卡龍的基本特性,對我來說,重點就是發揮食材的特色。

「關於烘烤方式」

—烘烤到什麼程度,才能夠製作出最好吃的馬卡龍呢?

菅又:使用瓦斯烤箱*或是電烤箱等因素,都會有不小的影響,不過,我認為最理想的馬卡龍是「外皮酥脆,裡面溼潤」。

對我來說,馬卡龍不是半生菓子*,而是「使用杏仁做的半生燒菓子*」,因此稍微帶點烘烤過的顏色也無妨。

如果要當作商品販售,就要符合「最佳烘焙程度」,因此,搭配之前介紹的工具與材料,選擇以150℃烤15分鐘,才能確保最穩定的品質。

＊編註|
1. 瓦斯烤箱是利用瓦斯的熱力來烘烤食物的烤箱,一般來說瓦斯烤箱預熱較快。
2. 日式和菓子依水分含量的不同,可以分為生菓子、半生菓子與干菓子三種,半生菓子中較常見的有銅鑼燒、鯛魚燒等。
3. 燒菓子即為烤的點心。

「關於色彩的使用」

—為何不製作鮮豔配色、上下圓餅不同的馬卡龍呢？

菅又：我製作的馬卡龍圓餅，基本上強調一致的風味，因此不採用突兀的配色。

巴黎當地，包括日本的Pierre Hermé在內的多數店家已經推出許多上下圓餅不同顏色的設計。我不是因為這樣，才故意不用相同的做法，而是當我還滿心羨慕那樣真漂亮時，街頭巷尾已經到處都有了，所以我就想「算了」，簡單來說，就是沒趕上流行吧！（笑）。

這次正好有機會，可以為了這本書特別製作了上下圓餅不同色的馬卡龍，以及搭配華麗水果盛盤的新鮮馬卡龍，這些都是平常在我店裡看不到的作品。善用食材的新鮮質感與同色系的配色，妝點出優雅的感覺，希望讀者們也試做看看。

「關於甜點主廚這份工作」

—雖然常常從早忙到晚，但是看你似乎樂在其中？

菅又：大家經常說我「樂在其中」（笑）。事實上，我的確做得很開心。這份工作不是甜點做完就沒事了，有人會品嘗我們的作品，接下來還有一連串的效應。品嘗者會做出反應，不管好壞，我們都要坦然接納，然後繼續磨練自己。只要有人願意吃我們做的東西，不可以自己滿意就好。這個世界就是這樣，而這也是它的魅力所在。

但是有一點必須注意，面對嚴厲的意見，我們可以誠心傾聽，但是千萬不要完全被他人的意見牽著鼻子走。如果老是照著別人的意見改變的話，原本剛剛好的地方，反而會愈偏愈遠。為了避免這種情況，必須事先訂出中心思想——知道「自己所追求的馬卡龍」是什麼模樣。

「關於風味」

—最喜歡的風味是什麼？

菅又：我一直有自己的一套「展現風味」手法。簡單來說，就是希望做出令人驚豔的衝擊感，後味不會太強烈又帶有悠長的餘韻。我喜歡用鹽做效果。以我自己的作品來說，最喜歡的就是香蕉巧克力風味。

馬卡龍用語集

本單元收錄製作馬卡龍前，必須知道的專有名詞，能夠幫助讀者進一步瞭解食材與處理程序。

杏仁粉（Almond powder）

杏仁磨成的粉末，可增加甜點麵團或奶油等的濃厚口感。一般使用不帶皮的，不過，帶皮的杏仁粉風味更佳。

糖霜（Icing）

裝飾餅乾、蛋糕等甜點使用的糖衣，多半是以糖粉加蛋白混合製作，加入檸檬或醋可以加速乾燥。

寒天粉（Agar）

萃取自名為「鹿角菜膠（Carrageenan）」的海藻。柔軟且透明，通常當作布丁或果凍的增稠劑使用。書中的寒天粉和蒟蒻果凍粉都是商品名稱。

英格蘭奶油醬（Anglaise sauce）

卡士達醬的一種，常使用於甜點和水果。

吉利丁片（Gelatine）

將動物皮膚、骨頭、肌腱等結締組織的主成份「膠原蛋白」加熱、萃取而成。主要成份是蛋白質，多半用於凝結果凍、慕斯。吉利丁片做出來的成品會比寒天粉做的更透明。

可可膏（Cocoa pâte）

可可含量100%的巧克力，有強烈的苦味和酸味，香氣也較持久。以法國法芙娜（Valrhona）的產品最有名。

可可磚（Cocoa mass）

由可可豆的胚乳發酵、乾燥、烘焙、研磨而成。外皮和胚芽會在過程中去除，液態的成品稱為「可可漿（Cocoa liquor）」，冷卻凝固後則稱為「可可磚」，主要當作可可粉、巧克力的原料。

卡士達醬（Custard cream）

牛奶、砂糖、蛋、麵粉混合而成的蛋奶醬，多用於泡芙和布丁。

甘納許（Ganaches）

由巧克力與鮮奶油、奶油、牛奶、洋酒等混合而成，可用來調整硬度的一種巧克力奶油。由於含水分多，保存期限比一般巧克力短。

打發的甘納許（Ganaches montées）

使用打蛋器快速攪拌冷卻的甘納許，打入空氣至呈現變白的狀態，就是打發甘納許。通常當作馬卡龍、松露巧克力等小型甜點的內餡。

蛋白霜粉（Meringue powder）

粉末狀的蛋白，用來輔助製作滑順結實的蛋白霜，可避免受到蛋的狀態等不穩定的因素所影響。

櫻桃香甜酒（Kirsch）

Kirsch在德文裡是「櫻桃」的意思，法文則是櫻桃白蘭地的意思。

金箔粉

粉末狀的食用金箔，可用噴霧方式來替作品上色。

法式綜合香料粉（Quatre épices）

法文為四種香料的意思，由黑胡椒、薑、肉豆蔻、丁香混合而成的香料。

咕咕洛夫麵包（Kouglof）

法國亞爾薩斯省、瑞士、德國、奧地利的甜點，多半使用布里歐麵包（Brioche）的麵團製成。在亞爾薩斯省有「週日早晨烤的麵包」之稱，名稱來自德文的僧帽（gugel）+酵母（Hefe）；法國則說此甜點是因為瑪莉·安東妮特（Marie-Antoinette）皇后而流行。

烘焙紙（Cooking sheet）

表面有矽膠或鐵氟龍塗層的半透明紙，屬於烘焙工具，可鋪在烤盤上，再放上食物烘烤。有透氣且防水的特性，可避免食物加熱時被水蒸氣浸透。

黑櫻桃（Griotte）

法國產的Griotte品種櫻桃，有漂亮的紅色與強烈的甜味與酸味。

塗層（Coating）

意為將甜點全部或局部浸泡在液體中，加上一層外膜，外膜多半是巧克力。

玉米澱粉（Cornstarch）

玉米製成的澱粉，多當作布丁等食品的凝固劑，也用來增加料理時的黏稠感。

椰子粉（Coconuts fine）

將削下的椰子果肉烘乾製成的粉末，具有獨特甜香，烘烤過後更添香氣，也常用於裝飾甜點的表面。

封存（Confit）

法國料理的烹調方式之一，指將食品浸泡在能增添食材風味、提高保存時間的物質後再烹調。封存的食品多為肉類和水果。肉類常使用油封，水果類則多以糖漬方式處理。密封之後，放在陰涼處或冰箱保存，可儲存長達數個月，反覆再加熱能夠延長保存期限。

果醬（Confiture）

Confiture是法文果醬的意思，也可加入酒或香料。

糖漬（Compote）

以糖漿或葡萄酒燉煮水果製成的甜點。糖漬水果比果醬更能夠保存水果的口感，且甜度較低，多用來加在優格或蛋糕上。

酸奶油（Sour cream）

利用乳酸菌讓鮮奶油發酵而成的乳製品，脂肪成份豐富，稍微帶點酸味。

檸檬（Citron）

糖份少、酸味強，不適合生吃，不過，在製作甜點時常切成薄片使用，或是將果實與果皮加工製成檸檬啤酒、糖漬檸檬等。還能用來增添果汁的酸味與香味，用途廣泛。

榛果巧克力（Gianduja）

含榛果醬的巧克力。

果凍（Gelée）

Gelée是法文「果凍」之意，以砂糖增加果汁或葡萄酒的甜度，加入果膠或寒天粉等幫助凝固製成。

無鹽奶油

屬於乳製品之一，以牛奶為原料，不添加食鹽的食用油脂。

杏仁糖粉（Tant pour tant）

杏仁粉與磨細的白砂糖，以1：1的比例混合後的成品。

轉化糖

利用酸或酵素（轉化酶，Invertase），將蔗糖加水分解，變成果糖與葡萄糖的甜味劑。比等量的蔗糖更甜，因此可透過糖的轉化，減少砂糖的使用量。

調溫（Tempering）

攪拌塗層用的巧克力，使其降至適合的溫度。將熱騰騰的調溫巧克力＊（Couverture Chocolate）倒在大理石台上，攪拌至28-31℃，會出現絲綢般的光澤。

＊編註｜調溫巧克力為含可可脂的巧克力，需要於一定的溫度下保存，才不會融化變質。一般市售的巧克力多為非調溫巧克力。

百香果（Passion fruit）

屬時鐘花科的熱帶水果，果皮如皮革般堅硬，有綠色、黃色、褐色等。黃澄澄的果肉和種子，都帶有酸甜味。

香草豆莢（Vanilla beans）

用來增添香草甜香的香料。馬達加斯加島產的波旁種，具有波本酒般甜甜的芳香；大溪地產的則有八角般濃厚的香氣，產量少且相當稀有。

蕾絲裙（Pied）

pied在法文是「腳」的意思，烤馬卡龍時出現的「蕾絲裙」看來就像腳，因而得名。馬卡龍在烘烤時，圓餅表面會形成薄膜，讓麵糊中的空氣無處可去，改由底部冒出，所以會出現「蕾絲裙」般的效果。

開心果果泥（法國 Sevarome）

直接以西西里島產的開心果做成泥狀，顏色相當漂亮。

開心果果泥（義大利 Fugar）

使用義大利產的綠寶石種（Smeraldo）開心果，烘焙加工後製成泥狀，風味絕佳。

苦味巧克力（Bitter chocolate）

以可可種子發酵、烘焙製成的可可磚，可可含量約70%，不加入乳製品、砂糖混合攪拌凝固而成。

泥、醬（Purée）

將蔬菜、水果、肉類、海鮮等材料生食或加熱後，壓碎磨細、過篩製成的成品。在日本的烹飪用語中多指搗成泥的狀態。

脆餅（Feuillantine）

派皮或雞蛋加麵粉製成麵團，並薄薄地擀開後烘烤而成。口感酥脆，多用來裝飾甜點。

黑莓（Blackberry）

莓果類之一，可生吃，種子很硬，也常加工製成果醬或糖漬黑莓。

核果糖（Praliné）

把砂糖煮成焦糖狀，撒上烤過的杏仁等堅果類，凝結而成的甜食。可直接當作甜點上面的裝飾，或是磨成泥後使用。

覆盆子（Framboise）

日本稱為木莓，英文為raspberry。有討喜的鮮豔紅色與酸甜風味，除了生吃之外，也用於製作果醬、果凍、果汁等。

糖粉

白砂糖磨成細粉狀的甜味劑，常用來製作馬卡龍等西式甜點、糖霜，不會有砂糖的粗粗顆粒感。

榛果（Hazelnut）

也就是歐榛（Corylus avellana），外型有點類似栗子。全世界都廣泛使用的可食用種子、堅果類之一。

蘋果果膠

可用於低甜度的果醬、水果醬汁、乳製類凍狀食品等，柔軟好塑型，且較少出現離水現象＊。

＊編註｜凍類等產品製成後，會隨著靜置時間的增加，其中的水分逐漸釋出的分離狀態。

跳跳糖（Peta zeta candy）

一種顆粒狀糖果，一吸收水分就會在舌尖跳躍。

白巧克力（White chocolate）

由砂糖、可可粉、牛奶固形物製成的甜食，主要為可可磚中含有的油分。因為去除了可可粉的褐色苦味成份，會比一般巧克力更甜。

牛奶巧克力（Jivara Lactee）

法國法芙娜公司的商品。與同樣含有40%可可的牛奶巧克力相比，甜度較低，具有醇厚的奶香與可可味。

慕斯（Mousseline）

法國料理中，加入打發鮮奶油製作的料理都稱為慕斯。

蛋白霜（Meringue）

蛋白與白砂糖混合均勻後打發，變成可立起的乳霜狀成品，即為蛋白霜，是馬卡龍最重要的原料。義大利蛋白霜則是將蛋白霜加入糖漿混合而成。

Moelleux

意思是厚實滑順且微甜的口味，「Caramel moelleux」是指醇厚甘甜的焦糖。

Montée

意思是甜點最後呈蓬鬆、多量、輕盈、滑順的狀態。

隔水加熱

使用兩只鍋子，讓材料間接加熱的方式。外側鍋子裝熱水，內側較小的鍋子或盆子裝材料，以此方式溶化奶油、吉利丁或加熱醬汁。

紅酒醋（Wine vinegar）

水果醋之中，葡萄汁的使用量為300g/L以上者。

D'eux Pâtisserie-Cafe

D'eux Pâtisserie-Café

〒 152-0023

日本國東京都目黑區八雲 1-12-8

TEL：+81-3-5731-5812

東急東橫線「都立大學」站步行 5 分鐘處

D'eux Pâtisserie a Tokyo

〒 100-0005

日本國東京都千代田區丸之內 1-9-1

東京車站商店街南角區（South Court）

TEL：+81-3-3211-8925

《官方網站》http://deux-tokyo.com/

D'eux Pâtisserie-Café

協力店家介紹

D'eux Pâtisserie-Café 日以繼夜地創作，只為了提供「最美味的甜點」。

透過本書，讓許多人開始熟悉馬卡龍，進而開始嘗試製作。這個體驗讓人覺得新鮮，也或許有些辛苦，過程中也替創造味覺與美感的甜點主廚，開啟一扇全新的大門。

珍惜法國傳統的同時，也加入日本人纖細的情感與好奇心，我和夥伴們相信各位會因為好吃而綻放笑容，今後也將繼續提供充滿魅力的作品。希望本書也能帶給讀者們幸福的笑容。

D'eux Pâtisserie-Café 店舖外觀

Cooperation Staff
（敬稱省略，依 50 音順序排列）

- 赤木 基實　Motomi Akagi
- 岩崎 順和　Yoshikazu Iwasaki
- 栗下 亞弓　Ayumi Kurishita
- 櫻井 裕美　Hiromi Sakutai
- 高田 靖子　Yasuko Takada
- 寺崎 晶子　Shouko Terasaki
- 鳥居 美沙　Misa Torii
- 中林 和也　Kazuya Nakabayashi
- 平田 敦史　Atsushi Hirata
- 堀川　貴　Saki Horikawa

Creative Staff

photograph
奧富 信吾（奧富攝影工作室）
Shingo Okutomi

art direction / bookblinding design
竹口 太朗（Imperfect）
Taro Takeguchi

design / illustration
平田 美（Imperfect）
Misaki Hirata

edition / writing
磯山 由佳
Yuka Isoyama

edition
甲賀 禮子
Ayako Koga

幸福洋菓子

東京甜點主廚的馬卡龍筆記

作　　者 | 菅又亮輔 Ryosuke Sugamata
譯　　者 | 黃薇嬪 Weipyn Huang

發 行 人 | 林隆奮 Frank Lin
社　　長 | 蘇國林 Green Su
總 編 輯 | 葉怡慧 Carol Yeh

出版團隊

版權編輯 | 許世璇 Kylie Hsu
企劃編輯 | 蕭書瑜 Maureen Shiao
執行編輯 | 黃薇之 Vichy Huang
封面設計 | Poulenc
版面構成 | 戴玉菡 Daphne Tai

行銷統籌

業務經理 | 吳宗庭 Tim Wu
業務專員 | 蘇倍生 Benson Su
　　　　　陳佑宗 Anthony Chen
業務秘書 | 陳曉琪 Angel Chen　| 葉秀玲 Charlene Yeh
行銷企劃 | 朱韻淑 Vina Ju　| 康咏歆 Katia Kang

發行公司 | 精誠資訊股份有限公司　悦知文化
　　　　　105 台北市松山區復興北路 99 號12 樓
訂購專線 | (02) 2719-8811
訂購傳真 | (02) 2719-7980
專屬網址 | http://www.delightpress.com.tw
悦知客服 | cs@delightpress.com.tw
ISBN : 978-986-5740-82-5
二版一刷 | 2014 年 11 月
建議售價 | 新台幣 320 元

國家圖書館出版品預行編目資料

幸福洋菓子：東京甜點主廚的馬卡龍筆記 /
菅又亮輔著；黃薇嬪譯. -- 初版. -- 臺北市：
精誠資訊，2014.11
　面；　公分
ISBN 978-986-5740-82-5 (平裝)
1. 點心食譜

427.16　　　　　　　　　　　　　103023221

建議分類 | 生活風格・烹飪食譜

"KURASHI WO IRODORU MACARON STYLE" by Ryosuke Sugamata
Copyright © 2011 by Ryosuke Sugamata
All rights reserved.
Original Japanese edition published by Seibundo Shinkosha Publishing Co.,Ltd.

This Traditional Chinese language edition is published by arrangement with Seibundo Shinkosha Publishing Co., Ltd., Tokyo in care of Tuttle-Mori Agency, Inc., Tokyo through Future View Technology Ltd., Taipei.

本書若有缺頁、破損或裝訂錯誤，請寄回更換
Printed in Taiwan

參考文獻、資料：
《世界的食材圖鑑》Graphic 社
《Almond Bible》旭屋出版 MOOK
《法式風情的手工馬卡龍》世界文化社
《有故事的法國甜點》NHK 出版
辻廚藝學院美食網：
http://www.tsujicho.com/oishii/recipe/letter/totteoki/macaron.html

本刊物採環保大豆油墨印製，
可降低印刷品及印製過程中揮發性有機化合物的排放。